江西理工大学清江学术文库

二元碱金属化合物结构和物性的理论研究

陈杨梅 著

扫描二维码
查看本书彩图

北 京
冶金工业出版社
2024

内 容 简 介

本书介绍了锂-氢化合物和碱金属之间化合物的研究现状和最新进展，主要讲述 Li-H、Li-Na 和 Na-K 在高压下结合成化合物的可能性，包括从热力学和晶格动力学角度分析它们构成的化合物的晶体结构及其化学稳定性，探索其电子性质和成键机制，讨论了其潜在的应用价值和科学意义。

本书可供大专院校材料物理、化学类专业的本科生及研究生阅读参考。

图书在版编目（CIP）数据

二元碱金属化合物结构和物性的理论研究／陈杨梅著．—北京：冶金工业出版社，2024.8
ISBN 978-7-5024-9873-3

Ⅰ．①二… Ⅱ．①陈… Ⅲ．①物理学—研究 Ⅳ．①O4

中国国家版本馆 CIP 数据核字（2024）第 097302 号

二元碱金属化合物结构和物性的理论研究

出版发行	冶金工业出版社		电　话	(010)64027926
地　　址	北京市东城区嵩祝院北巷 39 号		邮　编	100009
网　　址	www.mip1953.com		电子信箱	service@mip1953.com

责任编辑　王　双　美术编辑　吕欣童　版式设计　郑小利
责任校对　葛新霞　责任印制　禹　蕊
北京印刷集团有限责任公司印刷
2024 年 8 月第 1 版，2024 年 8 月第 1 次印刷
710mm×1000mm　1/16；7.5 印张；151 千字；111 页
定价 75.00 元

投稿电话　(010)64027932　投稿信箱　tougao@cnmip.com.cn
营销中心电话　(010)64044283
冶金工业出版社天猫旗舰店　yjgycbs.tmall.com
（本书如有印装质量问题，本社营销中心负责退换）

前　言

虽然在环境压强（101.325 kPa，1个大气压）下，氢、锂和钠被认为是简单的物质，然而它们在高压下的行为发生了明显的改变：氢、锂、钠和钾在压缩条件下都有着复杂的相图，氢会发生离解及金属化相变，而锂和钠则反过来会发生金属到非金属的转变。因此，锂-氢、锂-钠和钠-钾的高压研究对建立第一主族化合物整体高压物理图像有着非常重要的科学意义。它们不仅对于理解地球内部和其他行星内部的成分组成，以及行星内部结构和演化有重要意义，而且在储氢能源材料和热核聚变等许多实际科学工程领域有广泛的应用。本书综述了目前国内外锂-氢化合物和碱金属之间化合物的研究现状和最新进展，并在此基础上进一步研究了它们的高压结构和相变行为，以及它们的电子性质和热力学性质等。本书的出版旨在让相关领域的科研人员和技术人员及时了解锂-氢、锂-钠和钠-钾的高压结构和相变行为的最新研究成果。

本书共7章。第1章综述了高压科学与技术的发展及锂-氢和锂的碱金属间化合物在高压条件下的研究现状及最新进展；第2章介绍了本书涉及的相关研究手段和理论方法；第3章介绍了高温高压下氢化锂的压缩性和相图；第4章介绍了高压下稳定的基态化合物富氢化锂；第5章介绍了高压下碱金属锂和钠之间的新奇绝缘相化合物；第6章介绍了高压下碱金属钠和钾之间的合金化合物结构、稳定性和电子性质；第7章为本书总结。

本书主要根据作者在锂-氢、锂-钠和钠-钾的高压结构与物性方面的研究成果撰写而成。在本书撰写过程中，特别感谢陈向荣教授、吴强研究员、耿华运研究员等的悉心指导。本书介绍的研究成果是在国家自然科学基金项目（项目号：12364003、11704163、11804131）和江西理工大学博士启动基金项目（项目号：3401223301、3401223256）等经费的支持下取得的，此外，本书的出版由江西理工大学资助，在此一并致以诚挚的感谢。

由于作者学识水平和经验阅历所限，书中不足之处，恳请广大读者予以指正。

陈杨梅

2023 年 12 月

目　　录

1 绪论 ·· 1
   1.1 研究背景和意义 ·· 1
   1.2 国内外研究现状 ·· 3
   1.3 研究目的和研究内容 ·· 6
   参考文献 ··· 7

2 计算的基本原理与方法 ··· 10
   2.1 密度泛函理论的基本近似 ··· 10
      2.1.1 多粒子系统的 Schrödinger 方程 ································ 10
      2.1.2 Born-Oppenheimer 近似（绝热近似） ························· 11
      2.1.3 Hartree-Fock 近似 ·· 12
   2.2 密度泛函理论 ··· 14
      2.2.1 Hohenberg-Kohn 理论 ··· 14
      2.2.2 Kohn-Sham 方程 ··· 15
      2.2.3 交换关联泛函 $E_{xc}[\rho]$ ··· 16
   2.3 高压晶体结构预测 ··· 19
      2.3.1 粒子群优化算法 ·· 20
      2.3.2 CALYPSO 预测软件 ·· 20
   2.4 声子谱计算 ·· 21
      2.4.1 线性响应法 ·· 22
      2.4.2 超晶胞法 ··· 23
   2.5 Vinet 状态方程和双德拜模型 ·· 24
   2.6 电子性质研究 ··· 26
   参考文献 ··· 27

3 高温高压下氢化锂的压缩性和相图 ·· 29
   3.1 概述 ··· 29

3.2　计算方法 ··· 30
　　3.3　结果与讨论 ··· 30
　　　　3.3.1　高压下 LiH 的电子性质 ······································ 30
　　　　3.3.2　高温高压下 LiH 及其同位素的振动自由能 ············ 33
　　　　3.3.3　状态方程和 B1-B2 固体相边界 ···························· 41
　　　　3.3.4　相图 ··· 44
　　3.4　本章小结 ··· 45
　　参考文献 ··· 46

4　高压下稳定的基态化合物富氢化锂 ······································ 50
　　4.1　概述 ··· 50
　　4.2　计算方法 ··· 51
　　4.3　结果与讨论 ··· 51
　　　　4.3.1　高压下 LiH_n（$n=2\sim11,13$）的晶体结构预测 ············· 51
　　　　4.3.2　高压下 LiH_n 的电子性质 ································· 64
　　　　4.3.3　高压下 LiH、LiH_2、LiH_7 和 LiH_9 的振动频率 ······· 69
　　4.4　本章小结 ··· 73
　　参考文献 ··· 73

5　高压下碱金属锂和钠之间的新奇绝缘相化合物 ···················· 77
　　5.1　概述 ··· 77
　　5.2　计算方法 ··· 78
　　5.3　结果与讨论 ··· 79
　　　　5.3.1　高压下 Li_mNa_n（$m=1,n=1\sim5$ 和 $n=1,m=2\sim5$）的晶体结构
　　　　　　　预测 ·· 79
　　　　5.3.2　LiNa-oP8 结构的稳定性、成键机制及电子性质 ······ 82
　　　　5.3.3　LiNa 中金属到绝缘的相变 ································· 86
　　5.4　本章小结 ··· 89
　　参考文献 ··· 89

6　碱金属钠和钾在高压下的稳定化合物 ································· 92
　　6.1　概述 ··· 92
　　6.2　计算方法 ··· 93
　　6.3　结果与讨论 ··· 94

  6.3.1 Na_xK($x=1/4$、$1/3$、$1/2$、$2/3$、$3/4$、$4/3$、$3/2$，$1\sim4$)在不同压强下的结构 …………………………………………………………… 94

  6.3.2 Na-K 化合物的成键性质 ………………………………… 101

  6.3.3 Na-K 化合物的态密度和稳定性分析 …………………… 102

 6.4 本章小结 ……………………………………………………… 105

 参考文献 ………………………………………………………… 106

7 本书总结 …………………………………………………………… 110

1 绪 论

1.1 研究背景和意义

轻质量元素是构成宇宙的主要物质，其中绝大部分是氢和氦。在宇宙诞生之初，以及在恒星的内部，氢是通过聚变反应合成其他元素的源头，其中锂便是这种聚变反应的主要产物之一。虽然锂在地球上甚至宇宙中的丰度并不高（地壳中的质量分数仅为 0.0065%），但却是工业应用中的重要原料之一。其中应用最多的是锂电池，其他还包括锂的氢存储材料、含能材料等。

在物理学的基础研究中，锂和钠等碱金属对建立基本的金属电子结构物理图像十分重要。从现代固体理论出发，理解和认识材料的物理力学性质的首选材料往往是碱金属。在标准状况下碱金属都结晶成高对称的体心立方（bcc）相，且最外层只有一个价电子（s 电子）。由于价电子和离子实的相互作用很弱，因此它们的电子结构可以用近自由电子模型很好地描述。特别是锂、钠等较轻的碱金属，一直被认作是简单金属。在所有的金属中，碱金属是唯一的费米面近似为球形且完全在同一个布里渊区（Brillouin Zone）内的金属，因此在金属电子能带结构的研究中扮演极为重要的角色。

压强、温度和化学组分是众所周知的改变材料内部结构的三大基本要素。近年来由于高压和高温实验技术，如冲击波测量技术、金刚石对顶砧技术及与之配套的控温技术等的突破性进展，研究物质在极端条件下的行为成为可能。在这些极端条件下，物质的行为将发生新奇而有趣的变化，展现出丰富的物理内涵。例如，虽然上述早期的理论模型对零压下碱金属的基态性质已经解释得相当清楚，但是当压强和温度偏离标准状况时，实验和理论均表明，碱金属的晶体结构和电子性质已经完全不同于我们所熟知的基态情形了：简单金属变得不再简单，而且呈现出一系列的复杂结构和奇异的电子性质。例如 Li 的 bcc 相在 8 GPa 时，其费米面已经不再是球形，甚至在某些特殊点，费米面已经开始接触到 Brillouin 区的边界。更为奇特的是，在 30 GPa 左右时，面心立方（fcc）相 Li 的费米面呈现出类似 Cu 的脖子状嵌套结构，表明高压下金属 Li 发生了 s 电子到 p 电子的电荷转移。这些性质已经远远超出近自由电子模型所能解释的范围，因此必须在更精确的理论框架下重新认识这些所谓的"简单金属"。这也是近10年来碱金属及其化合物的高压性质受到广泛关注的一个非常重要的原因。

  一般而言，压强的增加将改变晶体中原子的配位结构和化学键，使得材料在高压下倾向于形成拥有较高配位数的密堆积结构，而且这种高压相通常是高对称相。但是碱金属的行为恰恰相反。例如，Li 在高压下从体心立方（bcc）过渡到面心立方（fcc）之后，就有一系列的低对称结构相继出现：六方菱面体相（hR1）、畸变的体心立方相（cI16）和配位数更低的正交相（oC88、oC40、oC24等）。其他碱金属也有类似的行为。这些低配位的高压相对称性都较低，而且晶胞中的原子数都很多。理论计算和实验均表明，Li 在 69 GPa 左右发生了奇特的金属—非金属转变，呈现出明显的半导体行为；而 Na 在 200 GPa 左右甚至是透明的。在这些碱金属的高压复杂结构中，有些属于调制的层状结构，有些甚至是无公度的主客嵌套式结构。后者甚至无法用一种特定的空间群来描述其晶体结构，通常要采用两种空间群或超空间群来描述。

  氢虽与碱金属属于同一主族，但其核外只有一个 s 价电子，所以其低压下的行为与锂、钠、钾等迥然不同。一般而言，化学家更倾向于将氢归为卤素一族。与氟、氯、溴等元素类似，氢有很强的电子亲和能，因此通常情况下氢最稳定的结构是双原子分子结构，而非金属状态。从量子力学的角度看，这主要是 1s 能级与 2s 能级间存在巨大的能量差所致（相较而言，两两配对的 Li_2 结构则很不稳定）。两个氢原子共享 1s 电子对的共价键分子晶体十分稳定，这一结构可以稳定到很高压强。从化学的角度看，这满足满壳层配位的条件，因此是十分合理的。然而压缩可以使电子的行为发生根本性变化，从而伴随着产生了结构与性质的复杂变化。目前已知氢的高压分子固体相至少有 5 个，并在足够高的压强（500 GPa 左右）下发生离解，进入原子固体相。在 s 电子部分离域化并伴随 s 电子到 p 电子的激发后，氢的行为越来越偏离卤素的行为而更接近碱金属，其电子结构也更接近自由电子模型。例如，金属氢的高压固体结构被预测与碱金属的十分类似，在 500 GPa 压强以上，氢的稳定结构依次为铯-Ⅳ、oC12、cI16、fcc 等结构，这些结构都在碱金属相对低的压强区域中出现过。

  综上所述，虽然在环境压强（101.325 kPa，一个大气压）下，氢、锂和钠被认为是简单的物质，然而它们在高压下的行为发生了明显的改变：氢、锂和钠在压缩条件下都有着复杂的相图，氢会发生离解及金属化相变，而锂和钠则反过来会发生金属到非金属的转变。因此，锂-氢和锂-钠的高压研究是建立第一主族化合物整体高压物理图像的重要手段和理论基础。

1.2　国内外研究现状

就材料科学而言，研究和理解锂-氢的高压行为有重要的科学意义。一方面，高压下物质的性质及其变化对于理解地球内部和其他行星内部的成分组成，以及行星内部结构和演化有重要意义；另一方面，众所周知，在储氢能源材料[1]和热核聚变[2]等许多实际科学工程领域都会涉及常压和高压状态的锂-氢化合物。因此关于锂-氢的高压结构和相变行为的研究引起了广泛的关注。

早在1998年，LOUBEYRE等人[3]通过同步辐射X射线单晶衍射实验发现：LiH在常温常压下的稳定结构是B1（岩盐）结构；当压强增大到36 GPa时，B1结构仍然保持稳定。2012年，LAZICKI等人[4]通过金刚石压腔中X射线衍射实验测得LiH在室温下压强最大到252 GPa时的状态方程；在压强高达252 GPa时，发现LiH仍然保持B1结构，但没有观察到理论预测的B1（岩盐）结构到B2（氯化铯）结构的相变；不过他们测得的X射线衍射和拉曼数据表明这个结构相变可能不会离252 GPa太远。2012年8月，HOWIE等人[5]通过在金刚石压腔中压缩元素Li和H的混合物，在室温和压强低至50 MPa的条件下合成出了LiH；为了评估LiH是否是储氢材料，他们研究了可能的高温高压分解行为，发现温度在300 K和压强达160 GPa时，掺入氢分子后，LiH依然是稳定的化合物，没有形成其他高氢含量的氢化物。然而KUNO等人[6]最近宣称利用金刚石压砧在1800 K和5 GPa的高温高压下合成出了富氢的LiH_n，该结果还需要进一步的确认。

虽然随着高压物理实验技术的不断提高，样品可以达到的温度和压强范围在不断扩大，但目前的实验技术仍然存在很多局限。高压物理的理论和计算模拟研究作为高压物理研究的重要组成部分，与高压实验技术相互补充、相互促进，并随着计算机技术的进步及物理理论和方法的完善而不断发展。1978年KULIKOV[7]利用经验的原子间相互作用势首次预测到LiH中B1结构到B2结构的相变压强范围在50~100 GPa。同年，HAMMERBERG[8]用一种Heine-Abarenkov类型的赝势发现LiH中B1结构到B2结构的相变压强大约在200 GPa。1990年MARTINS[9]用局域密度近似（LDA）的从头算赝势方法计算了LiH、NaH和KH的高压结构，结果表明LiH中B1结构到B2结构的相变只发生在450~500 GPa的压强范围内。LDA是一种不能控制精度的近似，人们没有直接的方法提高其精度，不过在它的基础上发展了一些补充的方法。2003年LEBÈGUE等人[10]通过LDA和全电子GW（G为格林函数，W为动态屏蔽库仑相互作用）近似相结合的方法预测到低温下 LiH 中绝缘体到金属的转变与 B1 结构到 B2 结构的相变是同时发生的，且压强为 329 GPa 左右，而单纯的 LDA 则错误地预测出绝缘体到金属的转变发生在 B1 结构到 B2 结构的相变之前；此外，与实验的晶格常数、体积模量和状态方程相比，只有用广义梯度近似（GGA）加上零点振动的方法才能得到较好的结果，即零点振动能（ZPE）对精确地计算 LiH 的晶格常数和体积模量有非常重要的作用。2007 年，WEN 等人[11]利用密度泛函微扰理论的 LDA 和 GGA 交换关联近似分别计算了 LiD、LiH 和 NaH 的 B1 结构和 B2 结构的声子色散关系，进一步确认采用 GGA + ZPE 方法可以计算得到较好的晶格常数和体积模量：对 NaH，采用 LDA + ZPE 方法计算得到的 B1 结构到 B2 结构的相变压强（29.6 GPa）和实验值（29.3 GPa ± 0.3 GPa）非常吻合；对 LiH，用以上方法计算得到的相变压强为 308 GPa，这个压强与 LEBÈGUE[10]和 WANG 等人[12]的计算结果（分别为 329 GPa 和 313 GPa）都比较接近。为了更深入地理解碱金属氢化物（LiH、NaH、KH、RbH 和 CsH）中高压相转变的诱导机理，2007 年 ZHANG 等人[13]通过密度泛函理论及 GGA 近似和赝势平面波方法计算了碱金属氢化物的 B1 结构在不同压强下声子和弹性模量的不稳定性，结果发现在倒空间的 X 点，横声学支随着压强增大的软化行为是诱导高压相变的主要因素，而与 C44 剪切模量的不稳定性无关。但是，2011 年 MUKHERJEE 等人[14]用基于 FP-LAPW 方法的 WIEN2k 软件所做的计算结果表明 C44 剪切模量的不稳定性对 LiH 中 B1 结构到 B2 结构的相变压强有一定影响。虽然上述理论研究预测了在高压下 LiH 将发生 B1 相至 B2 相的结构变化，压缩也将使 LiH 发生金属化转变，但这一金属化转变与 B1-B2 相变之间是否有关联目前尚不清楚。除此之外，目前对 LiH 知之不详的性质还包括有限温度下 B1-B2 的相界、B1-B2-液体的三相点位置及同位素效应对这些性质的影响等。

另外，ZUREK 等人[15]在 2009 年使用密度泛函理论结合晶体结构演化预测软件（USPEX）搜索了压强在 0～300 GPa 时的 LiH_n（$n = 2 \sim 8$）的结构，结果发现在压强大于 100 GPa 时，与 LiH + H_2 的混合物相比，金属性的 LiH_2、LiH_6 和 LiH_8 更稳定。而且当 H 含量较高时，Li 对降低 H_2 的金属化压强有非常明显的效果。然而 ZUREK 等人只是预测了高压下 LiH_2、LiH_6 和 LiH_8 结构的稳定性，它们的高压金属性和超导电性在当时还是未知的。2014 年 XIE 等人[16]采用密度泛函理论系统地研究了高压下 LiH_2、LiH_6 和 LiH_8 的电子结构、晶格动力学和超导电性，结果显示 LiH_2 在 170 GPa 以上的压强下表现出金属性，而且 LiH_2、LiH_6 和 LiH_8 的金属化压强比 H_2 的金属化压强更低。根据传统的解释超导现象的基本理论——BCS 理论，LiH_2 被预测为非超导体，而 LiH_6 和 LiH_8 是超导体。LiH_6 在 150 GPa 压强下的超导温度是 38 K，LiH_8 在 100 GPa 压强下的超导温度是 31 K。

LiH_6 的超导温度随着压强的增大会迅速升高，并在 300 GPa 时达到 82 K，而 LiH_8 的超导温度则基本保持不变。此外，2011 年 PICKARD 等人[17]也用从头算随机结构搜索软件（AIRSS）进行了预测，结果显示，当压强为 100 GPa 时，与 $LiH_8 + H_2$ 的混合物相比，更高氢含量的 Li-H 化合物 LiH_{16} 更稳定。此外，HOOPER 等人[18]也计算了 50~100 GPa 压强范围内富锂的 Li_nH（$4 < n < 9$）的稳定化合物。所有这些锂的亚氢化物都由 Li_8H 单元构建而成，后者可以被看作是一个等效的"超碱金属原子"（即 $(Li^+)_m(H^-) \cdot (e)_{m-1}$，满足 8 电子的闭电子壳层幻数规律）。它们的几何结构和电子结构与众所周知的碱金属亚氧化物 Rb_9O_2 和 $Cs_{11}O_3$ 相似，其中以 Li_5H 最为稳定，且 Abm2 结构由电荷局域化到间隙位，都与高压下锂单质的电子化合物类似。

在以上计算的富氢化锂中，所有结构都以 H_2 单元的形式存在。这部分得到了实验的初步验证：KUNO 等人[6]（拉曼散射）和 PÉPIN 等人[19]（红外吸收）的静高压实验均观测到了 H_2 的振动模式。看起来他们似乎已经证实了 LiH_n 的存在，但其中还存在几个理论与实验严重不符的情况：（1）KUNO 等人的合成实验条件为 1800 K 和 5 GPa，其压强远低于理论预测的富氢锂化物的稳定压强；（2）KUNO 等人测到的压缩曲线还没有合适的理论可以解释；（3）KUNO 等人和 PÉPIN 等人都没有观测到金属化现象，而 LiH_6 和 LiH_8 在理论计算中都是金属，这是目前的已知理论和实验结果的最矛盾之处。特别地，最近的研究显示通常所用的 LDA 和 GGA 交换关联泛函对氢分子的离解描述存在严重不足，因此早期的基于这些泛函的 LiH_n 计算结果需要被重新认真审视。

根据传统的 Miedema 和 Hume-Rothery 规则，如果两种元素的原子半径相差很大和电负性相差很小，则它们很难发生化学反应去形成化合物[20]。在常温常压下，Li 的离子半径与其他碱金属的相差很大，因此 Li 被认为不能与其他碱金属结合形成金属间化合物。ZHANG 等人[21]通过理论计算发现：Li 的碱金属间化合物（Li-Na、Li-K、Li-Rb 和 Li-Cs）的形成焓都是正值，并且随着原子半径差异的增大，其形成焓也急剧增大，呈现出明显的相分离现象；然而，在高压条件下这种情况得到了明显改变，如在压强为 80 GPa 时 Li 和 Cs 可以发生化学反应形成金属间化合物 Li_7Cs，而当压强达到 160 GPa 时又可形成更为简单的 LiCs。随后的原位同步加速器粉末 X 射线衍射实验在低压下（>0.1 GPa）成功合成了 LiCs 晶体[20]，其电子结构分析结果也表明高压下电子会从 Cs 原子中转移到 Li 原子中，导致 Li 显 -1 价。有趣的是，高压下 Cs 原子也会从 Li 原子中得到电子，变成超过 -1 价的阴离子。BOTANA 等人[22]对 Li_nCs（$n = 2~5$）的高压结构（>100 GPa）进行了研究，得到了稳定的 Li_3Cs 和 Li_5Cs。以上的结果可以通过 DONG 等人[23]计算的 Li 和 Cs 的电负性随压强的变化来解释。在压强为 0 GPa

时，Li 原子的电负性为 3.17，远远高于 Cs 原子的 (1.76)；而当压强逐渐升高时，这种情况发生了根本性的改变，如压强在 200 GPa 时，Li 的电负性变为 1.22，而 Cs 的变成 1.59，这时 Li 原子的电负性是低于 Cs 原子的。

尽管在以上的化合物中有很强的电荷转移，但是它们都表现出了金属性。在高压下，单质碱金属 Li[24-26] 和 Na[27] 会发生形成电子化合物和从金属变成绝缘体等的奇异行为。但是目前，在其他碱金属间化合物中是否会有这些现象发生是未知的。在 Li 的碱金属间化合物中，Li 和 Na 有相似的离子半径[28]，它们之间的尺寸不匹配度是最小的。另外，它们相近的电负性[23]导致 Li-Na 的形成焓为正值[21]。考虑这两个因素，与 Li-K[29]、Li-Rb[30] 和 Li-Cs[31] 相比，Li-Na 不相溶的程度被认为是最小的，所以较其他碱金属间化合物，Li-Na 更容易形成。实验观察到的 Li-Na 混合物的相分离线表明它的共溶点温度是 (576 ± 2) K，组分是 $X_{Li}=0.64$[32]。经典动力学[33-35]（CMD）和从头算分子动力学[36-37]（AIMD）成功地模拟了与实验数据[32]吻合的径向分布函数。此外，AIMD 计算[37]表明 $Na_{0.5}Li_{0.5}$ 合金在费米能级处的态密度在 1000 K 时随着压强的增大而减小，而且在 144 GPa 时会出现凹谷，这表明它有可能会产生类似于单质 Li 中的带隙[26]。然而，直到现在，仍没有理论依据或实验结果证明单质 Li 和 Na 能形成固体化合物。

1.3 研究目的和研究内容

基于量子力学的基本原理，利用理论方法研究 LiH_n 和 Li_mNa_n 在高压及有限温度下的结构变化、稳定性和相图，以获得相应的热力学参数、状态方程和冲击压缩特性等，为探索第一主族化合物在极端条件下的基本物理和力学性质提供理论参考。研究的主要内容如下：

（1）计算有限温度下 LiH 从 B1 相到 B2 相的相变压强，以获得有限温度下 B1-B2 的相界和 B1-B2-液体三相点的位置；

（2）氢、氘和氚有三倍的质量差，因此需要特别研究 LiH（D 和 T）中的同位素效应，主要研究其对自由能和压缩曲线的影响，同时也需要评估相边界和三相点位置是否会有大的同位素效应；

（3）利用先进的杂化泛函重新搜索 LiH_n 的稳定结构，以校验先前基于 GGA 的搜索结果的可靠性，并利用 GW 方法获得可靠的电子结构和能隙；

（4）搜索 Li_mNa_n 化合物在高压下的结构，计算它们的动力学稳定性；

（5）研究 Li_mNa_n 化合物中是否存在类似于单质 Li 和 Na 中反常压强诱导的金属到绝缘体的转变行为，并分析其物理机制。

参 考 文 献

[1] ATZENI S J. The Physics of Inertial Fusion: Beam Plasma Interaction, Hydrodynamics, Hot Dense Matter [M]. Oxford: Oxford University Press, 2004.

[2] GROCHALA W, EDWARDS P P. Thermal decomposition of the non-interstitial hydrides for the storage and production of hydrogen [J]. Chem. Rev., 2004, 104(3): 1283-1316.

[3] LOUBEYRE P, TOULLEL R L, HANFLAND M, et al. Equation of state of ^{7}LiH and ^{7}LiD from X-Ray diffraction to 94 GPa [J]. Physics Review B, 1998, 57(17): 10403.

[4] LAZICKI A, LOUBEYRE P, OCCELLI F, et al. Static compression of LiH to 250 GPa [J]. Physics Review B, 2012, 85(5): 054103.

[5] HOWIE R T, NARYGINA O, GUILLAUME C L, et al. High-pressure synthesis of lithium hydride [J]. Physics Review B, 2012, 86(6): 064108.

[6] KUNO K, MATSUOKA T, NAKAGAWA T, et al. Heating of Li in hydrogen: Possible synthesis of LiH_x [J]. High Pressure Research 2015, 35(1): 16-21.

[7] KULIKOV N I. Electronic structure, equation of state, and insulator-metal phase transition in lithium hydride [J]. Fizika Tverdogo Tela, 1978, 20(7): 2027-2035.

[8] HAMMERBERG J. The high density properties of lithium hydride [J]. J. Phys. Chem. Solids, 1978, 39(6): 617-624.

[9] MARTINS J L. Equations of state of alkali hydrides at high pressures [J]. Physics Review B, 1990, 41(11): 7883.

[10] LEBÈGUE S, ALOUANI M, ARNAUD B, et al. Pressure-induced simultaneous metal-insulator and structural-phase transitions in LiH: A quasiparticle study [J]. EPL (Europhysics Letters), 2003, 63(4): 562.

[11] WEN Y, CHANGQING J, AXEL K. First principles calculation of phonon dispersion, thermodynamic properties and B1-to-B2 phase transition of lighter alkali hydrides [J]. J. Phys.: Condens. Matter, 2007, 19(8): 086209.

[12] WANG Y, AHUJA R, JOHANSSON B. LiH under high pressure and high temperature: A first-principles study [J]. Physica Status Solidi (B), 2003, 235(2): 470-473.

[13] ZHANG J, ZHANG L, CUI T, et al. Phonon and elastic instabilities in rocksalt alkali hydrides under pressure: first-principles study [J]. Physics Review B, 2007, 75(10): 104115.

[14] MUKHERJEE D, SAHOO B D, JOSHI K D, et al. Thermo-physical properties of LiH at high pressures by ab initio calculations [J]. J. Appl. Phys., 2011, 109(10): 379-383.

[15] ZUREK E, HOFFMANN R, ASHCROFT N W, et al. A little bit of lithium does a lot for hydrogen [J]. Proc. Natl. Acad. Sci., 2009, 106(42): 17640-17643.

[16] XIE Y, LI Q, OGANOV A R, et al. Superconductivity of lithium-doped hydrogen under high pressure [J]. Acta Crystallographica Section C: Structural Chemistry, 2014, 70(2): 104-111.

[17] PICKARD C J, NEEDS R J. Ab initio random structure searching [J]. Journal of Physics

Condensed Matter, 2011, 23(5): 053201.

[18] HOOPER J, ZUREK E. Lithium subhydrides under pressure and their superatom-like building blocks [J]. ChemPlusChem, 2012, 77(11): 969-972.

[19] PÉPIN C, LOUBEYRE P, OCCELLI F, et al. Synthesis of lithium polyhydrides above 130 GPa at 300 K [J]. Proceedings of the National Academy of Sciences of the United States of America, 2015, 112(25): 7673-7676.

[20] DESGRENIERS S, JOHN S T, MATSUOKA T, et al. Mixing unmixables: Unexpected formation of Li-Cs alloys at low pressure [J]. Science Advances, 2015, 1(9): e1500669.

[21] ZHANG X, ZUNGER A. Altered reactivity and the emergence of ionic metal ordered structures in Li-Cs at high pressures [J]. Physical Review Letters, 2010, 104 (24): 245501.1-245501.4.

[22] BOTANA J, MIAO M S. Pressure-stabilized lithium caesides with caesium anions beyond the-1 state [J]. Nature Communications, 2014, 5: 4861.

[23] DONG X, OGANOV A R, QIAN G R, et al. How do chemical properties of the atoms change under pressure [J]. arXiv: 1503.00230, 2015.

[24] LV J, WANG Y, ZHU L, et al. Predicted novel high-pressure phases of lithium [J]. Phys. Rev. Lett., 2011, 106(1): 015503.

[25] GUILLAUME C L, GREGORYANZ E, DEGTYAREVA O, et al. Cold melting and solid structures of dense lithium [J]. Nature Physics, 2011, 7(3): 211-214.

[26] TAMBLYN I, RATY J Y, BONEV S A. Tetrahedral clustering in molten lithium under pressure [J]. Phys. Rev. Lett., 2008, 101(7): 075703.

[27] MA Y, EREMETS M, OGANOV A R, et al. Transparent dense sodium [J]. Nature, 2009, 458(7235): 182-185.

[28] SHANNON R D, PREWITT C T. Effective ionic radii in oxides and fluorides [J]. Acta Crystallographica. Section B: Structural science, 1969, 25(5): 925-946.

[29] BALE C. The K-Li (potassium-lithium) system [J]. Journal of Phase Equilibria, 1989, 10(3): 262-264.

[30] BALE C. The Li-Rb (lithium-rubidium) system [J]. Journal of Phase Equilibria, 1989, 10(3): 268-269.

[31] BALE C. The Cs-Li (cesium-lithium) system [J]. Journal of Phase Equilibria, 1989, 10(3): 232-233.

[32] BALE C. The Li-Na (lithium-sodium) system [J]. Journal of Phase Equilibria, 1989, 10(3): 265-268.

[33] GONZÁLEZ L, GONZÁLEZ D, SILBERT M, et al. A theoretical study of the static structure and thermodynamics of liquid lithium [J]. Journal of Physics: Condensed Matter, 1993, 5(26): 4283.

[34] CANALES M, GONZÁLEZ D, GONZÁLEZ L, et al. Static structure and dynamics of the liquid

Li-Na and Li-Mg alloys [J]. Physical Review E, 1998, 58(4): 4747.

[35] ANENTO N, CASAS J, CANALES M, et al. On the dynamical properties of the liquid Li-Na alloy [J]. Journal of Non-crystalline Solids, 1999, 250: 348-353.

[36] GONZALEZ D J, GONZALEZ L E, LOPEZ J M, et al. Microscopic dynamics in the liquid Li-Na alloy: an ab initio molecular dynamics study [J]. Physical Review E, 2004, 69: 031205.

[37] TEWELDEBERHAN A M, BONEV S A. Structural and thermodynamic properties of liquid Na-Li and Ca-Li alloys at high pressure [J]. Physical Review B, 2011, 83(13): 1498-1504.

2 计算的基本原理与方法

基于量子力学原理并根据密度泛函理论（Density Functional Theory，DFT），可以通过自洽计算来确定材料的几何结构和物性行为。本文以处理多电子体系的 DFT 理论结合平面波赝势方法及随机结构搜索方法为主要的理论计算手段来研究高压极端条件下锂-氢和锂-钠的晶体结构、电子结构和热力学性质（状态方程、压缩响应特性），以及晶格量子效应（同位素效应）对它们的影响。通过绝热近似和单电子近似，运用 DFT 理论可以有效地将复杂体系简化为单电子在平均场中的运动和离子实在周围电子形成的有效势场中的运动两部分。体系总的自由能则由电子体系的自由能和离子实的运动贡献两部分组成。通过求解单电子的 Kohn-Sham 方程，运用 DFT 方法可以对由上千个原子组成的体系进行精确的能量和能带结构计算。该方法是目前主流的第一性原理计算方法。

2.1 密度泛函理论的基本近似

密度泛函理论是由 Hohenberg 和 Kohn 建立的用于研究多电子体系电子结构的方法。其核心思想是用电子密度取代电子波函数来求解体系的 Schrödinger 方程。显然，变量越少，Schrödinger 方程就越容易求解。多电子体系的波函数包含 $3N$ 个自由度，而相应的电子密度函数仅有 3 个自由度。利用含有 3 个变量的电子密度函数来取代具有 $3N$ 个变量的电子波函数，可以大大减少求解 Schrödinger 时的计算量。此外，在求解 Schrödinger 方程时还需应用一些近似方法将原子核的运动与电子的运动分开，以简化数学运算中遇到的一些难题。

2.1.1 多粒子系统的 Schrödinger 方程

复杂多粒子体系的 Schrödinger 方程可写为如下形式：

$$H_{\text{TOT}}\Psi(r,R) = E_{\text{TOT}}\Psi(r,R) \tag{2-1}$$

式中，E_{TOT} 为能量的本征值；r 为电子的坐标；R 为原子核的坐标；H_{TOT} 为体系的哈密顿量，它包括全部原子核和电子的动能，以及它们之间相互作用的势能。

当体系不受外界作用时,H_{TOT}可以写成:
$$H_{TOT} = H_e + H_N + H_{e-N} \tag{2-2}$$
其中
$$H_e(r) = T_e(r) + V_e(r) = -\sum_i \frac{\hbar^2}{2m}\nabla_{r_i}^2 + \frac{1}{2}\sum_{i,i'} \frac{e^2}{|r_i - r_{i'}|} \tag{2-3}$$
式(2-3)为电子的动能及电子之间的库仑相互作用势能。
$$H_N(R) = H_N(R) + V_N(R) = -\sum_j \frac{\hbar^2}{2M_j}\nabla_{R_j}^2 + \frac{1}{2}\sum_{j,j'} V_N(R_j, R_{j'}) \tag{2-4}$$
式(2-4)为原子核的动能及原子核之间的库仑相互作用势能。
$$H_{e-N}(r, R) = -\sum_{i,j} V_{e-N}(r_i, R_j) \tag{2-5}$$
式(2-5)为电子和原子核之间的相互作用势能。

式(2-3)~式(2-5)中,m为电子质量,r为第i个电子的坐标,M_j为处于R_j处的离子质量。

2.1.2 Born-Oppenheimer 近似(绝热近似)

复杂多粒子体系的 Schrödinger 方程(式(2-1))的解可以写成如下形式:
$$\Psi(r_i, R_j) = \chi(R_j)\Phi_R(r_i) \tag{2-6}$$
式中,$\Phi_R(r_i)$为描述电子运动的波函数,原子核坐标R在上述波函数中作为参数出现,$\chi(R_j)$为原子核运动的波函数。

众所周知,与原子核的质量相比,电子的质量相对要小得多(相差数个数量级)。因此,电子的运动速率远远高于原子核的运动速率。原子核的运动可看成原子核在平衡位置附近做微小振动,而电子的运动可以瞬时响应原子核的运动。也即:根据原子核的位置,电子的运动状态可以及时得到调整。在 Born-Oppenheimer 近似(也称为绝热近似)[1-3]中,可将多粒子体系的 Schrödinger 方程(式(2-1))分解成如下两个方程:

$$\left\{-\sum_i \frac{\hbar^2}{2m}\nabla_{r_i}^2 + \frac{1}{2}\sum_{i,i'} \frac{e^2}{|r_i - r_{i'}|} + \sum_{i,j} V_{e-N}(r_i, R_j)\right\}\Phi_R(r_i) = E_{e,R}\Phi_R(r_i)$$
$$\tag{2-7}$$

$$\left\{-\sum_j \frac{\hbar^2}{2M_j}\nabla_{R_j}^2 + \frac{1}{2}\sum_{j,j'} V_N(R_j, R_{j'}) + E_{e,R}\right\}\chi(R_j) = E_{TOT}\chi(R_j)$$
$$\tag{2-8}$$

其中,式(2-7)是电子的 Schrödinger 方程,它描述电子在固定的晶格势场中的运动,离子坐标R仅以参量的方式影响电子的哈密顿量;式(2-8)是离子的 Schrödinger 方程,它描述原子核在电子电荷均匀分布的空间中的运动,即原子核的运动等效于在一个有电子产生的$E_{e,R}$势场中的运动[1]。

2.1.3 Hartree-Fock 近似

在绝热近似中，多电子的 Schrödinger 方程（见式 (2-7)），也可写成如下形式：

$$\left[-\sum_i \nabla_{r_i}^2 + \sum_i V(r_i) + \frac{1}{2}\sum_{i,i'} \frac{1}{|r_i - r_{i'}|}\right]\Phi = \left[\sum_i H_i + \sum_{i,i'} H_{ii'}\right]\phi = E\Phi \tag{2-9}$$

可以看到，在晶格势场中运动的电子之间仍然存在着长程的库仑相互作用项 $\sum_{i,i'} H_{ii'} = \frac{1}{2}\sum_{i,i'}\frac{1}{|r_i - r_{i'}|}$，因此就无法通过分离变量法来精确求解式 (2-9) 所示方程。在这种情况下，需要对波函数的形式作进一步近似处理，使其能够利用变分原理来求解相应的能量本征方程。由此 HARTREE[4] 提出，将体系中每个电子的运动近似为在原子核及其他电子所产生的平均势场中的运动。如此，可将多电子体系的波函数 $\Phi(r)$ 简化为 n 个单电子波函数 $\varphi_i(r_i)$ 乘积的形式，即

$$\Phi(r) = \varphi_1(r_1)\varphi_2(r_2)\cdots\varphi_n(r_n) \tag{2-10}$$

通过这种方法对多电子体系薛定谔方程（见式 (2-9)）近似求解的方法被称为 Hartree 近似[4]。

基于量子变分原理，通过以下方程求解多电子体系的薛定谔方程（见式 (2-9)）的能量期望值 $\bar{E} = \langle\Phi|H|\Phi\rangle$。由波函数的正交归一化条件：$\langle\varphi_i|\varphi_j\rangle = \delta_{ij}$，式 (2-9) 可以简化为[2]

$$\left[-\nabla^2 + V(r) + \sum_{i'\neq i}\int\frac{|\varphi_{i'}(r')|^2}{|r'-r|}dr'\right]\varphi_i(r) = E_i\varphi_i(r) \tag{2-11}$$

式 (2-11) 即为单电子的方程，也称为 Hartree 方程[4]。方程左边的项依次为电子的动能、电子在原子核势场中的相互作用势能、电子在晶格中其他电子形成的势场中的库仑相互作用。Hartree 方程指出：体系中的电子不仅要受到原子核的作用，还要受到其他电子的作用，而这些作用可近似地用一个平均场来代替，即单电子近似。

在 Hartree 方程波函数的表达式（见式 (2-11)）中，考虑了 Pauli 不相容原理，即每个电子的量子态是不同的。但是电子是费米子，对任意交换的两个电子，其波函数总是反对称的[5]。Hartree 波函数不满足电子的交换反对称性。为了解决这一问题，Fock 对 Hartree 近似作了更进一步的修改，他提出用 Slater 行列式来描述多电子体系波函数的交换反对称性：

$$\Phi(r) = \frac{1}{\sqrt{N!}} \begin{vmatrix} \varphi_1(\boldsymbol{q}_1) & \varphi_2(\boldsymbol{q}_1) & \cdots & \varphi_N(\boldsymbol{q}_1) \\ \varphi_2(\boldsymbol{q}_2) & \varphi_2(\boldsymbol{q}_2) & \cdots & \varphi_N(\boldsymbol{q}_2) \\ & & \vdots & \\ \varphi_1(\boldsymbol{q}_N) & \varphi_2(\boldsymbol{q}_N) & \cdots & \varphi_N(\boldsymbol{q}_N) \end{vmatrix} \quad (2\text{-}12)$$

式中，$\varphi_i(\boldsymbol{q}_i)$ 为位于 $\boldsymbol{q}_i$（包含位置坐标 r_i 和自旋坐标 s_i）处的第 i 个电子的波函数，满足正交归一化条件。

通过变分原理，可求解 Slater 行列式而得到能量期望值。若忽略自旋-轨道相互作用，则可将单电子波函数 $\varphi_i(\boldsymbol{q}_i)$ 写成坐标与自旋函数的直积：$\varphi_i(\boldsymbol{q}_i) = \varphi_i(\boldsymbol{r}_i)\chi_i(s_i)$。将自旋坐标积分后，式（2-9）就可以简化为[2]

$$\left[-\nabla^2 + V(r) + \sum_{i' \neq i} \int \frac{|\varphi_{i'}(r')|^2}{|r'-r|} dr' \right] \varphi_i(r) - \sum_{i'(\neq i),\parallel} \int \frac{\varphi_{i'}^*(r')\varphi_i(r')}{r-r'} \varphi_{i'}(r) dr' = E_i \varphi_i(r) \quad (2\text{-}13)$$

该式即为 Hartree-Fock 方程[6]。

通过定义由所有已占据单电子波函数表示的 r 位置的电子数密度：

$$\rho_i(r') = -\sum_i |\varphi_i(r')|^2 \quad (2\text{-}14)$$

以及与所考虑的电子状态 φ_i 有关的非定域交换密度分布：

$$\rho_i^{\text{HF}}(r,r') = -\sum_{i',\parallel} \frac{\varphi_{i'}^*(r')\varphi_i(r')\varphi_i^*(r)\varphi_{i'}(r)}{|\varphi_i(r)|^2} \quad (2\text{-}15)$$

Hartree-Fock 方程可以改写为：

$$\left[-\nabla^2 + V(r) - \int \frac{\rho(r') - \rho_i^{\text{HF}}(r,r')}{|r-r'|} dr' \right] \varphi_i(r) = E_i \varphi_i(r) \quad (2\text{-}16)$$

$\rho_i^{\text{HF}}(r,r')$ 为由交换电子所产生的密度分布。

求解式（2-16）等号左边最后一项——交换作用势，它与所考虑的电子状态 $\varphi_i(r')$ 有关，因此只能通过自洽迭代的方法来求解。其次，交换作用势中还涉及其他的电子态 $\varphi_{i'}(r)$，因此求解时需处理 n 个电子的联立方程组。

Slater 提出可以采用对 $\rho_i^{\text{HF}}(r,r')$ 取平均的办法，即

$$\bar{\rho}_i^{\text{HF}}(r,r') = -\frac{\sum_{i,i',\parallel} \varphi_i^*(r')\varphi_{i'}(r')\varphi_{i'}^*(r)\varphi_i(r)}{\sum_i \varphi_i^*(r)\varphi_i(r)} \quad (2\text{-}17)$$

这样可以使 Hartree-Fock 方程简化为单电子有效势方程[4]：

$$\left. \begin{aligned} &[-\nabla^2 + V_{\text{eff}}(r)]\varphi_i(r) = E_i \varphi_i(r) \\ &V_{\text{eff}} = V(r) - \int \frac{\rho(r') - \bar{\rho}^{\text{HF}}(r,r')}{|r-r'|} dr' \end{aligned} \right\} \quad (2\text{-}18)$$

式中，V_{eff} 为一个有效势场对所有电子的均匀分布。

根据 Hartree-Fock 近似，可以把多电子的 Schrödinger 方程简化为单电子有效势方程。需要注意的是，Hartree-Fock 方程（见式（2-18））仅是一个变分方程，E_i 表示拉格朗日因子，并不直接具有能量本征值的意义。E_i 的意义是移走一个 i 电子且同时保持其他所有电子的状态不发生改变时的多电子系统中系统能量的变化。所以 E_i 也可以被认为是"单电子的能量"，这就是能带论中著名的 Koopmans 定理[7]。然而，多电子系统中其中一个电子状态发生变化时，其他电子的状态往往也会发生相应的改变。还有 Hartree-Fock 近似没有考虑自旋反平行时电子与电子之间的相互关联作用，因此基于 Hartree-Fock 方程的单电子近似在本质上是有缺陷的，其应用有一定的局限性。

2.2 密度泛函理论

密度泛函理论是在由 Kohn 和 Hohenberg 所证明的两个基本数学定理及由 Kohn 和 Sham 在 20 世纪 60 年代中期所推演的一套方程的基础上建立的。Kohn-Hohenberg 定理指出：求解 Schrödinger 方程得到的基态能量是电荷密度的唯一函数。该定理表明，在基态波函数和基态电荷密度之间，存在一一对应的关系，即基态电荷密度唯一地决定了材料基态的所有性质，包括能量和波函数。在确定了粒子的波函数后，该粒子的任何一个力学量的平均值及其他特定值的概率就被完全确定下来[5]。因此，密度泛函理论的核心思想是利用电荷密度泛函来求解 Schrödinger 方程，并通过对体系粒子数密度的泛函积分来唯一地确定所有基态物理性质[8]。

2.2.1 Hohenberg-Kohn 理论

Hohenberg-Kohn 理论将密度泛函理论公式化并可精确描述多粒子体系，主要包括以下两个重要定理。

定理一 在不考虑自旋时，全同费米子体系的基态能量是电子密度的唯一泛函。基态密度 $\rho(r)$ 与作用在体系上的微扰势 V_{ext} 之间存在一一对应关系，多电子系统的基态所有可观测物理量的期望值 $\hat{O}$ 是基态电子数密度 $\rho(r)$ 的唯一泛函[9]：

$$\langle \Phi | \hat{O} | \Phi \rangle = O[\rho(r)] \tag{2-19}$$

定理二 多电子系统的能量泛函 $\langle \Phi | \bar{H} | \Phi \rangle = H[\rho(r)] = E[\rho(r), V_{ext}]$ 可以表示为如下形式：

$$E[\rho(r), V_{ext}] = \langle \Phi | \hat{T} + \hat{V} | \Phi \rangle + \langle \Phi | \hat{V}_{ext} | \Phi \rangle = F_{HK}[\rho(r)] + \int \rho(r) V_{ext}(r) dr$$

$$\tag{2-20}$$

$F_{HK}[\rho(r)]$ 对任意多电子体系具有普适性,当 $\rho(r)$ 为外界微扰势 V_{ext} 下体系基态密度时,能量泛函 $E[\rho(r),V_{ext}]$ 取极小值[10]。

2.2.2 Kohn-Sham 方程

Hohenberg-Kohn 模型为密度泛函理论的发展奠定了基础,然而由于泛函 $F_{HK}[\rho(r)]$ 缺少明确的表达式,因此仍然无法对实际问题进行求解。KOHN 和 SHAM 提出精确的基态粒子数密度可用无相互作用粒子体系的基态密度来表示,粒子数密度与真实体系的相互作用的密度相同,它们之间的差别则划分到交换关联作用项中,这才使得密度泛函理论最终得到实际应用[11]。

多电子体系的基态能量可表示为

$$E_{exat} = T + V \tag{2-21}$$

式中,T 和 V 分别是动能和电子-电子相互作用势能。

在 Hartree-Fock 近似下,多电子体系能量又可以写成

$$E_{HF} = T_0 + V_H + E_x \tag{2-22}$$

式中,T_0 和 V_H 分别为在无相互作用时粒子的动能和电子间相互作用的势能,E_x 为交换关联作用。在 Hartree-Fock 近似下,电子的交换关联作用并没有被考虑。

对比式(2-21)和式(2-22),可将电子的交换关联作用 E_c 表示为

$$E_c = E_{exat} - E_{HK} = (T - T_0) + (V - V_H - E_x) \tag{2-23}$$

若把交换关联泛函定义为 $E_{xc} = E_x + E_c$,则

$$E_{xc} = (T - T_0) + (V - V_H) \tag{2-24}$$

如此则可将所有在无相互作用粒子模型中未考虑的其他相互作用都纳入电子的交换关联作用项中。

Hohenberg-Kohn 定理表明,泛函 $F_{HK}[\rho(r)]$ 的表达式对任意多电子体系具有普适性,因此,尽管 $F_{HK}[\rho(r)]$ 的具体形式是未知的,但是结合式(2-24),可将其写为

$$F[\rho] = T_0[\rho] + V_H[\rho] + E_{xc}[\rho] \tag{2-25}$$

据此可进一步得到:

$$F[\rho] = T_0[\rho] + \frac{1}{2}\iint \frac{\rho(r)\rho(r')}{|r-r'|}drdr' + E_{xc}[\rho] \tag{2-26}$$

式中,等号右边的第一项为没有相互作用粒子模型的动能;第二项为无相互作用粒子模型中的经典库仑相互作用势能;最后一项 $E_{xc}[\rho]$ 为交换关联相互作用,代表其他未包括在无相互作用粒子模型中的所有复杂的相互作用。

将式(2-26)代入式(2-20),就可获得体系能量 $E[\rho(r),V_{ext}]$ 的一般性表

达式：

$$E[\rho(r), V_{\text{ext}}] = T_0[\rho] + \frac{1}{2}\iint \frac{\rho(r)\rho(r')}{|r-r'|} dr dr' + E_{\text{xc}}[\rho] + \int \rho(r) V_{\text{ext}}(r) dr \tag{2-27}$$

根据 Hohenberg-Kohn 定理，在保证粒子数不变时，由能量 $E[\rho(r), V_{\text{ext}}]$ 对 $\rho(r)$ 的变分求极小值，就可得到 Kohn-Sham 方程[2,7,11]：

$$\{-\nabla^2 + V_{\text{KS}}[\rho(r)]\}\varphi_i(r) = E_i \varphi_i(r) \tag{2-28}$$

其中

$$V_{\text{KS}}[\rho(r)] \equiv V_{\text{ext}}(r) + V_{\text{Coul}}[\rho(r)] + V_{\text{xc}}[\rho(r)] = V_{\text{ext}}(r) + \int \frac{\rho(r')}{|r-r'|} dr' + \frac{\delta E_{\text{xc}}[\rho]}{\delta \rho(r)} \tag{2-29}$$

$$\rho(r) = \sum_{i=1}^{N} |\varphi_i(r)|^2 \tag{2-30}$$

式中，$\rho(r)$ 为多电子体系的基态电子数密度；$\varphi_i(r)$ 为无相互作用系统的单电子波函数。

2.2.3 交换关联泛函 $E_{\text{xc}}[\rho]$

Kohn-Sham 方程的成功在于它将无相互作用粒子的动能和长程相互作用的 Hartree 项单独分离出去，只剩下交换关联作用项。然而，尽管这样可以对多电子体系进行量子求解，但方程中的交换关联势能泛函 $E_{\text{xc}}[\rho]$ 的形式并不清晰。因此，寻找合理、准确的处理交换关联泛函 $E_{\text{xc}}[\rho]$ 是精确求解多电子体系 Kohn-Sham 方程的关键。目前较为广泛的交换关联泛函主要有两种近似：局域密度近似（LDA）[11]和广义梯度近似（GGA）[10]，前者主要适用于均匀电子气体系，后者主要适用于非均匀电子气体系。

2.2.3.1 局域密度近似（LDA）

局域密度近似认为，体系是由无穷多个体积为无限小的单元组成的，每个体积单元内的电子数密度的变化非常缓慢，可将其等效为均匀电子气体系。因此，该体系中的电子数密度 $\rho(r)$ 是恒定的；而当体系中的体积元位置 r 改变时，相应的 $\rho(r)$ 也会随之改变。其交换关联能可写成如下定域积分的形式：

$$E_{\text{xc}}^{\text{LDA}}[\rho] = \int \rho(r) \varepsilon_{\text{xc}}[\rho(r)] dr \tag{2-31}$$

式中，$\varepsilon_{\text{xc}}[\rho(r)]$ 是相互作用的均匀电子气体系中电子数密度为 $\rho(r)$ 的每个电子的多体交换关联能，它只和电子数密度 $\rho(r)$ 有关。

相应地，多电子体系的交换关联势可以写为：

$$V_{xc} = \frac{\delta E_{xc}^{LDA}[\rho]}{\delta \rho} = \varepsilon_{xc}[\rho(r)] + \rho(r)\frac{d\varepsilon_{xc}[\rho(r)]}{d\rho(r)} \quad (2\text{-}32)$$

式（2-32）可以通过对均匀电子气体系的交换关联能差值拟合得到。对于均匀电子气，ε_{xc}可以写成交换能和相关能之和：

$$\varepsilon_{xc} = \varepsilon_x + \varepsilon_c \quad (2\text{-}33)$$

CEPERLEY 等人[12]已给出交换能 ε_x 的表达式：

$$\varepsilon_x[\rho(r)] = -C_x \rho(r)^{1/3}, \quad C_x = \frac{3}{4}\left(\frac{3}{\pi}\right)^{1/3} \quad (2\text{-}34)$$

关联能也存在多种常用的解析表达式，包括 Ceperley-Alder（CA）形式[13]、Perdew-Zunger（PZ）形式[14]、Hedin-Lundqvist（HL）形式[15]、Vosko-Wilkes-Nusiar（VWN）形式[16]等。其中最为常用的是 1980 年 Ceperley 和 Alder 通过量子蒙特卡罗计算获得的 CA 形式：

$$\varepsilon_x = -0.916/r_s \quad (2\text{-}35)$$

$$\varepsilon_c = \begin{cases} -0.2846/(1 + 1.0529\sqrt{r_s} + 0.3334 r_s) & (r_s \geq 1) \\ -0.0960 + 0.0622\ln r_s - 0.0232 r_s + 0.0040 r_s \ln r_s & (r_s \leq 1) \end{cases} \quad (2\text{-}36)$$

以及随后 Perdew 和 Zunger 对 Ceperley 和 Alder 数据重新参数化后的 CA-PZ 形式[17]：

$$\varepsilon_x = -0.916/r_s \quad (2\text{-}37)$$

$$\varepsilon_c = \begin{cases} -0.1423/(1 + 1.9529\sqrt{r_s} + 0.3334 r_s) & (r_s \geq 1) \\ -0.048 + 0.031\ln r_s - 0.0116 r_s + 0.0020 r_s & (r_s < 1) \end{cases} \quad (2\text{-}38)$$

以上对 LDA 的讨论是针对非自旋极化的体系，忽略了电子的自旋-轨道耦合相互作用。对于自旋极化体系，如磁性材料，在交换关联项中应该考虑电子的自旋-轨道耦合相互作用。因此，根据电子自旋方向（自旋向上↑或自旋向下↓），体系的电子数密度可分成两部分：

$$\rho_\uparrow(r) = \sum_{i=1}^{occ} |\varphi_{i,\uparrow}(r)|^2 \quad (2\text{-}39)$$

$$\rho_\downarrow(r) = \sum_{i=1}^{occ} |\varphi_{i,\downarrow}(r)|^2 \quad (2\text{-}40)$$

体系总的电子数密度为

$$\rho(r) = \rho_\downarrow(r) + \rho_\downarrow(r) \quad (2\text{-}41)$$

相应地，体系的交换关联泛函则写为

$$E_{xc}^{LSD}[\rho_\uparrow, \rho_\downarrow] = \int \rho(r)\varepsilon_{xc}[\rho_\uparrow(r), \rho_\downarrow(r)] dr \quad (2\text{-}42)$$

上式的局域密度近似被称为局域自旋密度近似（LSDA）[18]。在 LSDA 中，交换关联泛函为以下表达式：

$$E_{xc}^{LSD}[\rho_\uparrow, \rho_\downarrow] = \int \rho(r)\{\varepsilon_x[\rho(r)]f(\zeta) + \varepsilon_c[r_s(r), \zeta(r)]\}dr \quad (2\text{-}43)$$

$\zeta = \dfrac{\rho_\uparrow - \rho_\downarrow}{\rho}$ 是相对自旋极化，$f(\zeta)$ 可以写为

$$f(\zeta) = \frac{1}{2}[(1+\zeta)^{4/3} + (1-\zeta)^{4/3}] \quad (2\text{-}44)$$

2.2.3.2 广义梯度近似（GGA）

在广义梯度近似（GGA）中，通过在交换关联能中引入电子密度的梯度项的方式来进一步描述真实体系电子密度分布的非均匀性。GGA 将体系划分成无限个体积无穷小的单元后，每个体积单元的交换关联能不仅与该体积元的局域电子密度有关，还与该体积元附近其他体积元的局域电子密度有关，即在体系的交换关联泛函中引入了局域密度的梯度项。在 GGA 中，一般将多电子系统的交换关联泛函写成以下形式[17]：

$$E_{xc}^{GGA}[\rho_\uparrow, \rho_\downarrow] = \int dr f_{xc}[\rho_\uparrow(r), \rho_\downarrow(r), \nabla\rho_\uparrow(r), \nabla\rho_\downarrow(r)] \quad (2\text{-}45)$$

相应地，多电子体系的交换关联势为

$$V_{xc} = \frac{\delta E_{xc}^{GGA}[\rho]}{\delta \rho} = \frac{\partial E_{xc}^{GGA}[\rho(r)]}{\partial \rho(r)} + \nabla \cdot \frac{\partial E_{xc}^{GGA}[\rho(r)]}{\partial[\nabla \rho(r)]} \quad (2\text{-}46)$$

目前，常用的 GGA 交换关联泛函形式有如下两种。

A　Perdew-Wang'91（PW91）

$$E_{xc}^{GGA}[\rho] = \int \varepsilon_{xc}[\rho, |\nabla\rho|, \nabla^2\rho] dr \quad (2\text{-}47)$$

$$\varepsilon_x = \varepsilon_x^{LDA} \frac{1 + a_1 s\sinh^{-1}(a_2 s) + (a_3 + a_4 e^{-100s^2})s^2}{1 + a_1 s\sinh^{-1}(a_2 s) + a_5 s^4} \quad (2\text{-}48)$$

式中，$a_1 = 0.19645$；$a_2 = 7.7956$；$a_3 = 0.2743$；$a_4 = -0.1508$；$a_5 = -0.004$；$s = \dfrac{|\nabla\rho(r)|}{2k_F \rho}$，$k_F = (3\pi^2\rho)^{1/3}$。

$$\varepsilon_c = \varepsilon_c^{LDA} + \rho H(\rho, s, t) \quad (2\text{-}49)$$

$$H(\rho, s, t) = \frac{\beta}{2\alpha} \lg\left(1 + \frac{2\alpha}{\beta} \frac{t^2 + At^4}{1 + At^2 + A^2 t^4}\right) + C_{c0}[C_c(\rho) - C_{c1}]t^2 e^{-100s^2} \quad (2\text{-}50)$$

式中，$A = \dfrac{2\alpha}{\beta}[e^{-2\alpha\zeta_c(\rho)/\beta^2} - 1]^{-1}$，$\alpha = 0.09$，$\beta = 0.0667263212$，$C_{c0} = 15.7559$，

$C_{c1} = 0.003521$，$\zeta_c(\rho)$ 定义为满足 $\varepsilon_c^{\text{LDA}}(\rho) = \rho\zeta_c(\rho)$；而 $C_c(\rho) = C_1 + \dfrac{C_2 + C_3 r_s + C_4 r_s^2}{1 + C_5 r_s + C_6 r_s^2 + C_7 r_s^3}$，$C_1 = 0.001667$，$C_2 = 0.002568$，$C_3 = 0.0023266$，$C_4 = 7.389 \times 10^{-6}$，$C_5 = 8.723$，$C_6 = 0.472$，$C_7 = 7.389 \times 10^{-2}$，$t = \dfrac{|\nabla\rho(\bm{r})|}{2k_s\rho}$，$k_s = \left(\dfrac{4}{\pi}k_F\right)^{1/2}$，$r_s = \left(\dfrac{3}{4\pi\rho}\right)^{1/3}$。

B　Perdew-Burke-Ernzerhof (PBE)[10]

$$\varepsilon_x(\rho) = \int \rho(\bm{r})\varepsilon_x^{\text{LDA}}[\rho(\bm{r})]F_{xc}(s)\,d\bm{r} \tag{2-51}$$

式中，$F_{xc}(s) = 1 + \kappa - \dfrac{\kappa}{1 + \mu s^2/\kappa}$，$\mu = 0.21951$，$\kappa = 0.804$。

$$\varepsilon_c = \int \rho(\bm{r})\left[\varepsilon_c^{\text{LDA}}(r_s,\zeta) + H(r_s,\zeta,t)\right]d\bm{r} \tag{2-52}$$

式中，$\zeta = \dfrac{\rho_\uparrow - \rho_\downarrow}{\rho}$；$t = \dfrac{|\nabla\rho(\bm{r})|}{2\phi k_s\rho}$，$k_s = \left(\dfrac{4k_F}{\pi a_0}\right)^{1/2}$，$k_F = (3\pi^2\rho)^{1/3}$，$a_0 = \dfrac{\hbar}{me^2}$，$r_s = \left(\dfrac{3}{4\pi\rho}\right)^{1/3}$。

$$H(\rho,\zeta,t) = (e^2/a_0)\gamma\phi^3\ln\left(1 + \dfrac{\beta}{\gamma}t^2\dfrac{1 + At^2}{1 + At^2 + A^2t^4}\right) \tag{2-53}$$

式中，$A = \dfrac{\beta}{\gamma}\dfrac{1}{\exp[\varepsilon_c^{\text{LDA}}(r_s,\zeta)/(\gamma\phi^3 e^2/a_0)] - 1}$。

2.3　高压晶体结构预测

晶体结构是材料的最基本信息，确定晶体的结构是深入理解宏观材料物理和化学性质的基础。实验上通过 X 射线衍射谱来确定晶体结构是最为有效的方法，但样品纯度、实验信号和实验条件等会导致实验上很难确定晶体的结构，因此从理论上预测晶体的结构是解决这个问题的有效方法。

目前在高压结构预测和结构相变理论研究方面，随机结构搜索方法结合第一性原理计算得到了广泛的应用。该方法只需给定化学配比，通过粒子群优化算法、基因遗传算法或统计学算法等，搜索自由能曲面的能量最小值和极小值位置，就可以得到不同压强下晶体的最稳定结构和亚稳相结构。目前该方法已被广泛应用于金属和非金属元素、矿物、分子化合物等材料的结构研究中。本书主要通过基于粒子群优化算法的 CALYPSO（Crystal structure AnaLYsis by Particle Swarm Optimization）结构搜索程序及高精度的第一性原理计算进行材料结构研究。

2.3.1 粒子群优化算法

粒子群优化算法（Particle Swarm Optimization，PSO）是由 KENNEDY 等人[18]开发的一种新的进化算法（Evolutionary Algorithm-EA）。PSO 起源于一个简单社会模型的仿真，它和人工生命理论及鸟类或鱼类的群聚集现象有非常明显的联系。动物行为学家们曾仔细观察和研究过蚂蚁的觅食行为，他们发现不管最开始同一蚁巢的蚂蚁如何随机选择从蚁巢到食物的觅食路径，但是当觅食的蚂蚁增加往返次数时，蚁群总能找到最短的觅食路径。受蚁群觅食行为的启发，产生了著名的蚁群算法。同样，通过研究鸟类的捕食行为可以总结出解决优化问题的粒子群算法（PSO）。假设有这样的一个场景：一群鸟在一个区域内随机地搜寻食物，但食物只有一块，所有的鸟开始都不知道食物的位置，那么它们如何才能找到食物呢？最简单有效的方法是搜寻目前离食物最近的周围区域。在 PSO 算法中，每个优化问题的潜在解是搜索空间中的一只鸟，我们把它称为"粒子"。所有的粒子都有一个被优化的函数决定的适应值（Fitness Value），粒子的速度决定它们飞翔的方向和每一步的位移，粒子们通过追随当前的最优粒子不断地搜索直到找到最后的目标为止。换言之，PSO 算法是通过初始化一群随机粒子（随机解），然后不停地迭代去找最优解。在每一次的迭代中，粒子需要跟踪两个"极值"来更新自己：一个是个体极值，就是粒子本身找到的最优解；另一个是全局极值，就是当前整个种群找到的最优解。

同遗传算法类似，PSO 也是基于迭代的优化算法，但是它没有遗传算法中的交叉（crossover）及变异（mutation），而是通过粒子追随当前最优的粒子进行搜索。同遗传算法比较，PSO 的优势在于可以简单容易地进行搜索，而且可以跨越整个能量区间上大的势垒。目前 PSO 在函数的优化、神经网络的训练、模糊系统的控制及其他遗传算法的应用等领域都有广泛的应用。

2.3.2 CALYPSO 预测软件

基于粒子群优化算法，吉林大学马琰铭教授课题组开发了 CALYPSO 晶体结构预测软件[19-21]。它主要有以下 5 个特点：

（1）在只给定化学配比或外界条件（如压强）的情况下，可以预测零维纳米粒子或团簇的二维层状结构和表面重构及三维晶体结构的最稳定或亚稳的结构。

（2）通过功能导向进行新型功能材料的设计，如超导、超硬、热电和能源材料等的设计。

（3）结构演化：全局的粒子群优化算法收敛比较快；局域的粒子群优化算法可以避免很多复杂体系结构的早熟；对称性的人工蜂群算法是利用群体间充分的信息交互机制在搜索空间迭代搜索，寻找最优解，该算法一般用于较大的体系（>30个原子）。

（4）可以预测化学组分的结构。

（5）软件的兼容性非常强。支持与目前主流的结构弛豫和总能计算软件（包括 VASP、CASTEP、Quantum Espresso、GULP、SIESA、LAMMPS、Gaussian 及 CP2K 等软件）的接口兼容，更可以根据用户需求实现与其他代码的接口兼容。

2.4 声子谱计算

在实际应用中，对于一个晶格振动系统，简谐振动的哈密顿量

$$H_{vib} = \sum_{R,\sigma} \frac{p_{R,\sigma}^2}{2m_\sigma} + \frac{1}{2} \sum_{R,\sigma} \sum_{R',\sigma'} U_{R,\sigma} \Phi^{\sigma,\sigma'}(R + B_\sigma - R' - B_{\sigma'}) U_{R',\sigma'} \quad (2-54)$$

式中，R 为原子的平衡晶格位置；B_σ 为原子相对布拉维格子的位置；$U_{R,\sigma}$ 为原子的位移；m_σ 为原子的质量；$p_{R,\sigma}$ 为原子的角动量；$\Phi^{\sigma,\sigma'}$ 为原子间力常数矩阵。

简谐近似是描述晶体动力学稳定性的常用方法，但如果仅用简谐近似描述晶格振动，就无法解释晶体的受热膨胀效应。因为在简谐近似下，晶体的热传导系数为无穷大，所以晶格的平衡体积不会因温度而改变。对此，需要计算与任意体积对应的零温下的声子谱，以获得随体积变化的声子频率，从而得到准简谐近似下的晶格热振动性质。这种不依赖额外算法的计算方法称为准简谐近似。

在准简谐晶格动力学中，通过引入声子的简正坐标 $Q_{k,s}$ 和 $P_{k,s}$ 将晶体的哈密顿量表示成独立的 $3N$ 个简谐振子：

$$U_R = \frac{1}{\sqrt{MN}} \sum_{k,s} Q_{k,s} \varepsilon_{k,s} e^{ikR} \quad (2-55)$$

$$P_R = \frac{1}{\sqrt{MN}} \sum_{k,s} P_{k,s} \varepsilon_{k,s} e^{ikR} \quad (2-56)$$

$$H_h = \sum_{k,s} \frac{1}{2}(P_{k,s}^2 + \omega_{k,s}^2 Q_{k,s}^2) \tag{2-57}$$

式中，$\omega_{k,s}$ 和 $\varepsilon_{k,s}$ 分别为第一布里渊区的每个波矢 k 的本征值和本征矢量；下角标 s 为用来描述不同声子模式（声学支或光学支）的符号。

操作符的热力学平均 $Q_{k,s}^\dagger Q_{k,s}$ 决定了原子的位移均方，其表达式为

$$\langle Q_{k,s}^\dagger Q_{k,s} \rangle = \frac{\hbar}{\omega_{k,s}} \left(\frac{1}{2} + n\frac{\hbar\omega_{k,s}}{k_B T} \right) \tag{2-58}$$

式中，$n(x) = 1/(e^x - 1)$，是普朗克函数。在经典极限条件下，即足够高的温度下，算符 $(1/\sqrt{M})Q_{k,s}$ 可以用下式代替：

$$A_{k,s} = \pm \sqrt{\frac{\langle Q_{k,s}^\dagger Q_{k,s} \rangle}{M}} \tag{2-59}$$

以原子位移作变量，对式（2-55）求偏导就得到回复力

$$F_R = -\sum_{R'} \Phi(R - R') U_{R'} \tag{2-60}$$

对上式进行傅里叶变换后，并将式（2-57）代入得

$$F_k = -\sum_s M\omega_{k,s}^2 A_{k,s} \varepsilon_{k,s} \tag{2-61}$$

最后通过 $\varepsilon_{k,s}$ 的正交性，声子的频率可以写成

$$\omega_{k,s} = \left(-\frac{1}{M} \frac{\varepsilon_{k,s} F_k}{A_{k,s}} \right)^{\frac{1}{2}} \tag{2-62}$$

最终得到无虚频的声子谱，满足动力学稳定性。此时任何声子模式的激发都将导致总能量的升高，每个原子的位置使 U_R 处于最小值。需要指出的是，这里只需要局域极小值，不需要整体的极小值。当声子谱出现虚频，U_R 取的不是极小值，表示晶格内自发的原子面滑动或者原子的移动会使体系的总能更小。

非谐作用比较小时，以上公式可以很好地处理与热膨胀相关的非谐部分。定性的理解是：原子间的化学键越长，它们之间的力越弱，所以频率会越低，熵会增加，声子谱的变化几乎完全来自热膨胀。准简谐晶格动力学计算声子色散关系的方法有线性响应法和超晶胞法两种。这两种方法都是基于密度泛函理论来求解的。

2.4.1 线性响应法

线性响应法[22]可以计算所有波矢为 q 的声子，采用内插法得到体系中整个布里渊区的声子色散关系图。基本原理是：在绝热近似下，晶格中离子在其平衡位置附近的振动非常小，所以它受到外势场影响的程度就比较弱。因此，可以把外势场的变化 $\Delta V(q)$ 看成对电子基态的一个"静态"的微扰。根据 Hellmann-

Feynman 理论，简谐近似下离子间的力常数可以通过求解基态电荷密度 $\rho(r)$ 对离子偏移量 μ_i 的偏导数 $\partial\rho(r)/\partial u_i$ 得到。这样，一级微扰理论可以很好地描述电子基态的密度泛函理论，从而构造出一个新的关于势场变化 $\Delta V(q)$ 和电荷密度响应 $\partial\rho(r)/\partial u_i$ 的自洽方程。通过求解这个自洽方程可以得到 $\partial\rho(r)/\partial u_i$，再进一步计算力常数后可得到动力学矩阵，最后从这个矩阵里求解所有 q 点的声子。

该方法可以计算很多复杂材料的声子，原因在于它不用强制材料原胞的边界和微扰的波矢正交，也不用扩胞就可以求解得到任意的波矢。此外，玻恩有效电荷也可以直接通过该方法计算得到。因此，可以合理地预测声子光学支劈裂和科恩反常。尽管线性响应法可以得到精确的声子色散关系，但是比较耗时。

2.4.2 超晶胞法

超晶胞法[23]的基本原理是：对晶体的平衡结构引入一个微小的原子位移，计算该原子位移所导致的能量和受力的变化。在忽略高阶贡献时，原子的微小位移所引起的作用在其他原子上的受力跟力常数成正比，据此可以将力常数矩阵在倒空间中转化为晶格振动的动力学矩阵。将动力学矩阵对角化，即可得到简谐近似下的声子频率。单胞只能描述一个波长内波矢 q 在 Γ 点的振动行为，无法完整地描述整个布里渊区的振动行为。为了得到精确的结果，可以通过构建一个较大的超晶胞来实现。

求解离子间相互作用的力常数矩阵是获得晶格振动信息的关键步骤。因为在倒空间内，离子间相互作用的力常数矩阵可以转化为动力学矩阵，将动力学矩阵对角化后，每支模式的频率及其对应的振动模式都可以得到，即所谓的本征值和本征矢。这个求解过程虽然看起来难以实现，但是实际上可以用一些简单的方法求解力常数。例如，在一定的超晶胞基础上，对一些特定的离子在其平衡位置附近进行微小的位移，然后在简谐近似下，利用任意一种第一性原理计算软件都可以计算出作用在各个离子上的力，即 Hellmann-Feynman 力。有了 Hellmann-Feynman 力就可以构造力常数矩阵，并且最终得到声子色散曲线。

以上的过程采用现有的第一性原理计算软件就可以实现，不需要另外编写复杂的计算程序，因此许多研究项目都使用超晶胞法来获得声子色散关系图。但是该方法对复杂体系的计算量非常大，原因是它不仅要求原胞边界和声子波矢正交，而且要求较大的超晶胞使晶胞外的 Hellmann-Feynman 力可以忽略不计。此外，横、纵光学支的劈裂也不能用它来很好地处理，因为这些劈裂需要在玻恩有效电荷和介电常数已知的情况下才可以计算出。所以，超晶胞法有一定的局限性。

2.5 Vinet 状态方程和双德拜模型

一般情况下，物质的热力学性质和有限温度相图是由吉布斯自由能决定的，它主要包括3个部分：(1) 平衡位置处原子核在零温时的冷能；(2) 晶格动力学的振动自由能贡献；(3) 热电子的自由能[23]。在计算模拟中，特别是在第一性原理的总能计算中，通常会得到一组能量随原子体积变化的离散数据，而不是连续的曲线。为了便于实际应用或后期数据的处理，我们更愿意用一个状态方程 EOS 或解析式来拟合这些离散的数据，然后导出连续的和光滑的曲线。如果采用的是精确的 EOS，那它不仅赋予了有物理含义的数值数据，而且大大地扩展了它们的应用范围。采用 VINET 等人[24]的 EOS 拟合了研究固相的从头算冷能

$$E_c(V) = E_0 + \frac{4V_0 K_0}{K_m^2}\left[1 - \left(1 - \frac{3}{2}\eta K_m\right)\exp\left(\frac{3}{2}\eta K_m\right)\right] \qquad (2\text{-}63)$$

式中，$\eta = 1 - \left(\frac{V}{V_0}\right)^{1/3}$；$K_m = K_0' - 1$；$K_0 = -V\left(\frac{\partial P_c}{\partial V}\right)_0$；$K_0' = \frac{\partial K_0}{\partial P_c}$；$V_0$、$K_0$ 和 K_0' 分别为特定的体积、体弹模量和其对压强的偏导数。

冷压的表达式为 $P_c = -\frac{\partial E_c}{\partial V}$。我们也采用了其他的 EOS，如 Murnaghan[25]、Birch-Murnaghan[26] 和 Natural Strain[27]。

半经验模型如爱因斯坦模型和德拜模型也可以模拟振动自由能，但是这些模型的参数通常是根据常压条件下的实验数据来决定的，这大大地限制了它们在高压区域的应用。通过第一性原理准简谐近似 QHA 可以直接计算声子光谱，这个方法不依赖于任何经验参数的输入，原则上它可以被应用到只要是动力学稳定的固体，且有较高的精度和无限的应用范围。

在 QHA 中，振动被当作是 $3N$ 个频率 ω_j 由体积决定的无相互作用的声子，N 是每个原胞中原子的个数。QHA 中振动自由能 F_{FP} 的表达式如下：

$$F_{FP} = \sum_{j=1}^{3N}\left[\frac{\hbar\omega_j}{2} + k_B T\ln(1 - e^{-\frac{\hbar\omega_j}{k_B T}})\right] \qquad (2\text{-}64)$$

式中，k_B 为玻耳兹曼常量；T 为温度。热压的表达式如下：

$$P_{th} = -\left(\frac{\partial F_{FP}}{\partial V}\right)_T = \sum_{j=1}^{3N}\left(\frac{\hbar\omega_j \gamma_j}{2V} + \frac{\hbar\omega_j \gamma_j / V}{e^{-\frac{\hbar\omega_j}{k_B T}} - 1}\right) \qquad (2\text{-}65)$$

式中引入了格林爱森 Grüneisen 比例，即 $\gamma_j = -\partial\ln\omega_j / \partial\ln V$。实际上，计算 γ_j 是非常困难的。通过声子态密度 (phDOS) $g_{FP}(\omega)$ 也可以计算振动自由能，如以下方程式：

2.5 Vinet 状态方程和双德拜模型

$$F_{FP} = \int_0^\infty \left[\frac{\hbar\omega}{2} + k_B T \ln(1 - e^{-\frac{\hbar\omega}{k_B T}}) \right] g_{FP}(\omega) d\omega \qquad (2\text{-}66)$$

可以很明显地看到 F_{FP} 完全是由 $g_{FP}(\omega)$ 决定的。

phDOS 通常只能计算一些离散的体积点，因此 QHA 的直接应用是受限制的。特别是，如果想获得式（2-65）中精确的热压，计算大量的体积点是有必要的。采取类似于第一性原理计算冷能 E_c 的方法，可以用一个解析模型来表示 QHA 的结果。一个好的模型可以同时对离散的 QHA 结果进行内插和外推，因此只需用很少的 QHA 计算就可以导出精确的和较宽范围的热力学性质，大大地提高了计算的效率。对离子晶体如 LiH，简单的德拜模型会错误地把光学支当作声子模式，因此本书将采用德拜模型的改进方法，即双德拜模型来解决这个问题。这个模型的参数是通过拟合第一性原理 QHA 光谱确定的。

在双德拜模型中，总的 phDOS $g(\omega)$ 是两个标准的单德拜模型（1DM）态密度的线性叠加，表达式如下：

$$g_D(\omega) = \varepsilon^A g_D^A(\omega) + \varepsilon^B g_D^B(\omega) \qquad (2\text{-}67)$$

式中，$g_D^{A(B)}(\omega)$ 为 1DM 的态密度，当 $\omega \leq \omega_D^{A(B)}$ 时，它的表达式为 $\dfrac{3\omega^2}{\omega_D^{A(B)}}$，是非零值；$\omega_D$ 为德拜温度 $k_B\theta_D = \hbar\omega_D$ 对应的德拜频率。

声子特征温度 θ_0、θ_1 和 θ_2 由以下约束条件得出[23]：

$$k_B\theta_0 = \hbar e^{1/3} \exp\left[\int \ln(\omega) g_{FP}(\omega) d\omega \right] \qquad (2\text{-}68)$$

$$k_B\theta_1 = \frac{4}{3} \int \hbar\omega g_{FP}(\omega) d\omega \qquad (2\text{-}69)$$

$$k_B\theta_2 = \left[\frac{4}{3} \int (\hbar\omega)^2 g_{FP}(\omega) d\omega \right]^{1/2} \qquad (2\text{-}70)$$

由 θ_0、θ_1 和 θ_2，德拜温度 θ_A 和 θ_B（$\theta_A \leq \theta_B$）（产生的态密度分别为 $g_D^A(\omega)$ 和 $g_D^B(\omega)$）需要满足以下的非线性方程：

$$1 = \varepsilon^A + \varepsilon^B \qquad (2\text{-}71)$$

$$\ln\theta_0 = \varepsilon^A \ln\theta_A + \varepsilon^B \ln\theta_B \qquad (2\text{-}72)$$

$$\theta_1 = \varepsilon^A \theta_A + \varepsilon^B \theta_B \qquad (2\text{-}73)$$

$$\theta_2^2 = \varepsilon^A \theta_A^2 + \varepsilon^B \theta_B^2 \qquad (2\text{-}74)$$

通过求解以上的方程可以得到 ε^A、ε^B、θ_A 和 θ_B，然后通过式（2-67）来确定双德拜模型。值得注意的是这些参数都是体积的函数。尽管得到的 phDOS $g_D(\omega)$ 只是定性地和原始的 $g_{FP}(\omega)$ 有相似的特点，但是它能很精确地产生振动自由能。为了解释声子 DOS 随压缩的变化，引入和定义了 Grüneisen 参数 $\gamma_{\{0,A,B\}}$：

$$-\frac{d\ln\theta_{\{0,A,B\}}}{d\ln V} = \gamma_{\{0,A,B\}} = \alpha_{\{0,A,B\}} + \beta_{\{0,A,B\}} V \qquad (2\text{-}75)$$

这个方程的解为

$$\theta_{\{0,A,B\}}(V) = \theta^0_{\{0,A,B\}}\left(\frac{V}{V_{\text{ref}}}\right)^{-\alpha_{\{0,A,B\}}} \exp[\beta_{\{0,A,B\}}(V_{\text{ref}} - V)] \tag{2-76}$$

式中，$\theta^0_{\{0,A,B\}}$ 为 $\theta_{\{0,A,B\}}$ 在体积为 V_{ref} 时的参考态。采用这个方法，在很宽压强和温度范围内的 QHA 自由能可以用一个只有 9 个参数 $\theta^0_{\{0,A,B\}}$、$\alpha_{\{0,A,B\}}$ 和 $\beta_{\{0,A,B\}}$ 的简单模型来表示。

声子对总的自由能的贡献表达式如下：

$$F_{\text{FP}}(V,T) \approx F_{\text{D}}(V,T) = \varepsilon^A F_A(V,T) + \varepsilon^B F_B(V,T) \tag{2-77}$$

其中

$$F_{A(B)}(V,T) = k_B T \left\{ \frac{9\theta_{A(B)}}{8T} + 3\ln\left[1 - e^{-\frac{\theta_{A(B)}}{T}}\right] - D\frac{\theta_{A(B)}}{T} \right\} \tag{2-78}$$

德拜函数为

$$D(y) = \frac{3}{y^3}\int_0^y \frac{x^3}{\exp(x)-1}\mathrm{d}x \tag{2-79}$$

2.6 电子性质研究

为了衡量在某一位置的参考电荷周围空间找到一个具有自旋相同电子的可能性，1990 年 BECKE 等人[28] 首次引入了电子局域函数（Electron Localization Function，ELF）的概念，它是一种表征电子对在多电子体系中概率分布的方法。电子局域最初表征为

$$D_\sigma = \tau_\sigma(r) - \frac{1}{4}\frac{[\nabla\rho_\sigma(r)]^2}{\rho_\sigma(r)} \tag{2-80}$$

式中，τ 和 ρ 分别表示动能密度和电子的自旋密度。

在电子局域的区域，D_σ 一般很小。从以上的式子可以看出，D 所表现的局域程度显任意性，因此将它和均衡的自由电子气自旋密度进行比较，即

$$D^0_\sigma = \frac{3}{5}(6\pi^2)^{\frac{2}{3}}\rho_\sigma^{\frac{5}{3}}(r) \tag{2-81}$$

比率是

$$\chi_\sigma(r) = \frac{D_\sigma(r)}{D^0_\sigma(r)} \tag{2-82}$$

对以上的式子进行归一化后得到

$$F_{\text{EL}}(r) = \frac{1}{1+\chi_\sigma^2(r)} \tag{2-83}$$

当 $F_{\text{EL}}(r) = 1$ 时，电子完全局域了；当 $F_{\text{EL}}(r) = 1/2$ 时，等同于自由电子气。

参 考 文 献

[1] 丁大同. 固体理论讲义 [M]. 天津: 南开大学出版社, 2001.

[2] 谢希德, 陆栋. 固体能带理论 [M]. 上海: 复旦大学出版社, 1998.

[3] BORN M, HUANG K. Dynamical Theory of Crystal Lattices [M]. Oxford: Oxford University Press, 1954.

[4] HARTREE D R. The wave mechanics of an atom with a non-Coulomb central field. Part Ⅰ. Theory and methods: Mathematical Proceedings of the Cambridge Philosophical Society [C]. Cambridge: Cambridge University Press, 1928, 24: 89-110.

[5] 曾谨言. 量子力学(卷Ⅰ) [M]. 北京: 科学出版社, 2000.

[6] HARTREE D R. The wave mechanics of an atom with a non-Coulomb central field. Part Ⅱ: Some results and discussion [J]. Physics Review, 1930, 61: 209.

[7] 李正中. 固体理论 [M]. 北京: 高等教育出版社, 2002.

[8] KOCH W, HOLTHAUSEN M C. A Chemist's Guide to Density Functional Theory [M]. Weinheim: Wiley-VCH Verlag GmbH, 2001.

[9] PERDEW J P, BURKE K, ERNZERHOF M. Generalized gradient approximation made simple [J]. Physics Review Letter, 1996, 77: 3865.

[10] KOHN W, SHAM L J. Self-consistent equations including exchange and correlation effects [J]. Physics Review, 1965, 140: A1133.

[11] PARR R G, YANG W. Density-Functional Theory of Atoms and Molecules [M]. Oxford: Oxford University Press, 1989.

[12] CEPERLEY D M, ALDER B J. Ground state of the electron gas by a stochastic method [J]. Phys. Rev. Lett., 1980, 45: 566.

[13] PARR R G, YANG W. Density functional theory [J]. Annual Review of Physical Chemistry, 1983, 34: 631.

[14] HEDI L, LUNDQUIST S J. Electronic structure of some 3D transition-metal pyrites [J]. Journal of Physics C Solid State Physics, 1971(4): 2064.

[15] VOSKO S J, WILK L, NUSAIR M. Accurate spin-dependent electron liquid correlation energies for local spin density calculations: A critical analysis [J]. Revue Canadienne De Physique, 1980, 58: 1200.

[16] ZIESCHE P, KURTH S, PERDEW J P. Density functionals from LDA to GGA [J]. Computational Materials Science, 1998(11): 122.

[17] PERDEW J P. Electronic Structure of Solids [M]. Berlin: Akademie Verlag, 1991.

[18] KENNED Y J, EBERHART R C. A new optimizer using particle swarm theory [C]//IEEE International Conference on F, 1995.

[19] WANG Y C, LV J, ZHU L, et al. CALYPSO: A method for crystal structure prediction [J]. Computer Physics Communications, 2012, 183: 2063-2070.

[20] WANG Y, LV J, ZHU L. Crystal structure prediction via particle-swarm optimization [J]. Physics Review B, 2010, 82: 094116.

[21] BARONI S, DEGIRONCOLI S, DALCORSO A. Phonons and related properties of extended systems from density-functional perturbation theory [J]. Reviews of Modern Physics, 2001, 73: 515.
[22] PARLINSKI K, LI Z Q, KAWAZOE Y. First-principles determination of the soft mode in cubic [J]. Physics Review Letter, 1997, 78: 4063.
[23] CHISOLM E D, CROCKETT S D, WALLACE D C. Test of a theoretical equation of state for elemental solids and liquids [J]. Physical Review B, 2003, 68(10): 104103.
[24] VINET P, ROSE J H, FERRANTE J, et al. Universal features of the equation of state of solids [J]. Journal of Physics: Condensed Matter, 1989, 1(11): 1941-1963.
[25] MURNAGHAN F D. Finite deformations of an elastic solid [J]. American Journal of Mathematics, 1937, 59(2): 235-260.
[26] BIRCH F. Finite elastic strain of cubic crystals [J]. Physical review, 1947, 71(11): 809.
[27] POIRIER J P, TARANTOLA A. A logarithmic equation of state [J]. Physics of the Earth and Planetary Interiors, 1998, 109(1/2): 1-8.
[28] BECKE A D, EDGECOMBE K E. A simple measure of electron localization in atomic and molecular systems [J]. The Journal of Chemical Physics, 1990, 92(9): 5397-5403.

3 高温高压下氢化锂的压缩性和相图

3.1 概 述

在碱金属氢化物中,氢化锂(LiH)作为最轻的离子化合物具有含氢质量最大和熔点最高(达 965 K)的优异特性[1],已经广泛地应用于储氢[2]、热核聚变和航空航天领域[3-6]等。最早采用金刚石压腔(DAC)的静高压实验结果表明常压下 LiH 占据 fcc 晶格,排列成 NaCl(B1)结构,这个结构一直可以保持到最少 36 GPa(LiD 是 96 GPa)[7]。在这个压强下,其他所有的碱金属氢化物被观测到从 NaCl 结构相变为 CsCl(B2)结构(NaH 在 29.3 GPa、KH 在 4.0 GPa、RbH 在 2.2 GPa、CsH 在 0.83 GPa)[8-10]。然而,LiH 中 B1-B2 的结构相变还未见报道,所以激发了后续的高压实验研究。最近,DAC 实验中的 XRD 衍射数据表明室温下 LiH 可以保持 B1 结构到 252 GPa,这是迄今为止实验研究的最高压强。特别是,衍射和拉曼数据表明 B1-B2 的结构相变同时也伴随着金属化,而且这个相变压强可能在 252 GPa 左右[11]。

在理论上,低温下 LiH 中压强诱导的 B1-B2 结构相变和绝缘体到金属的转变也受到了广泛的关注[12-20]。声子软化和弹性不稳定性可以用来解释 LiH 中 B1-B2 结构相变的机制[14,17,21]。另外,通过局域梯度近似(LDA)和半局域广义梯度近似(GGA),发现绝缘体到金属的相变发生在 B1-B2 相变之前。但是由于 LDA 和 GGA 通常会被低估带隙,所以 LEBÈGUE 等人[15]采用精确的全电子 GW 近似方法,发现 LiH 中 B1-B2 的结构相变和金属化同时发生在 329 GPa 左右。这个转变压强和 WANG 等人[20]预测的 313 GPa 及 MUKHERJEE 等人[17]预测的 327 GPa 都比较接近。他们采用的是 GGA 和 WIEN2K 程序包中的全势线性投影平面波法(LAPW)。ZUREK 等人[16]也通过 VASP 的 PAW 赝势和密度泛函的 PBE 方法测得 B1-B2 的结构相变压强在 360 GPa 左右。

需要注意的是以上的计算都没有考虑零点振动能(ZPE)。采用密度泛函微扰理论和 GGA + ZPE 计算的 B1-B2 相变压强为 308 GPa[18]。ZHANG 等人[22]采用密度泛函和密度泛函微扰理论的平面波方法讨论了常压下 AB(A 为 ^{6}Li,^{7}Li;B 为 H,D,T)的电子晶格动力学和热力学性质,并证实在简谐近似下最轻

的 ^{6}LiH 有最大的 ZPE。这表明同位素效应在氢化锂的 B1-B2 相变中起着非常重要的作用。早期的 DAC 实验测量出 ^{7}LiH 和 ^{7}LiD 的状态方程的同位素移动压强只到 45 GPa[7]。密度泛函微扰理论计算（只到 10 GPa）表明同位素移动主要是由于 ZPE 存在差异[23]。DAMMAK 等人[24]采用 DFT-GGA 计算的量子热浴分子动力学（QTB-MD）数据说明，到 20 GPa 时 ^{7}LiH 和 ^{7}LiD 之间的同位素移动是由非谐效应引起的。这些研究和已有的实验数据均吻合得不是很好，因此氢化锂中晶格振动的贡献对同位素的移动仍然需要进一步研究。此外，关于氢化锂在有限温度下的 B1-B2 相变行为和完整的相图几乎未见报道。我们采用高精度的从头算准简谐近似计算精确地得到了高压下氢化锂的振动光谱，并借助参数化的双德拜模型导出了状态方程和完善了相图，也评估了冲击压缩行为和预压缩冲击路径。

3.2 计算方法

RAJAGOPAL 等人[25-29]采用密度泛函理论[25-26]（DFT）和平面波赝势方法的 VASP 程序[27-28]，以及电子交换关联泛函的 PBE 方法[29]对冷能进行了计算，研究发现，离子和价电子之间的相互作用可以采用 PAW 赝势[30-31]来描述；对 B1 结构和 B2 结构，动能采用 900 eV，K 点采用 $25 \times 25 \times 25$。我们充分地检查了这些参数的收敛性，总能的不确定性控制在每个原子 1 meV 的范围内。

由于同位素效应的主要贡献来自晶格振动，我们通过改变标准赝势中的原子质量来得到同位素的动力学。我们采用 PHONOPY 程序[32]获得晶格动力学和声子态密度，通过小位移方法得到力常数。采用 VASP 软件计算受力，条件是：B1 和 B2 的超胞分别包括 128 和 250 个原子，$4 \times 4 \times 4$ 的 K 点和 1000 eV 的截断能。检查受力的收敛性使 ZPE 的不确定性控制在每个原子 1 meV 的范围内。离散体积的 phDOS 通过双德拜模型来拟合，该模型已经成功地预测了氢[33]和碳[34]的声子自由能。为了作对比，本书也采用了单德拜模型。需要注意的是氢化锂中在我们考虑的压强和温度内热电子的贡献非常小，因此可以被忽略。

3.3 结果与讨论

3.3.1 高压下 LiH 的电子性质

常压下 LiH 是带隙比较大的绝缘体：反射实验测得它的直接带隙大约为 4.94 eV[35]；采用 LDA 和 GGA 计算得到它的零压带隙分别为 2.65 eV 和 2.95 eV。

和其他文献中报道的一样[15-16]，带隙通常会被低估。采用全电子 GW 近似[36-39]，我们得到了 4.80 eV 的带隙，比实验值稍微偏低。此外，已有文献［40］报道简单的自洽修正计算也能产生和实验结果非常接近的带隙，为 4.93 eV。由于 GW 方法在计算带隙时比较精确，因此以下电子性质的计算均采用该方法。

为了理解电子结构，波函数通常被分解为带有不同角动量的原子中心对称球形轨道的投影，然后通过构造原子叠加的差分电荷密度来分析原子间的成键和电荷转移。这在理解电子的量子特性如何表达材料的性质方面是一种非常有力的工具。对离子晶体如 LiH，如果它被当作一个带有 +1 和 -1 价态的纯离子晶体，则我们期待电子是完全从 Li 2s 转移到 H 1s 中的。在 LiH 中，其电子结构应该比较类似于它的阳离子或阴离子子晶格的，而不能只通过原子轨道的叠加来描述。因此为了进一步理解子晶格之间的相互作用，以及它是如何影响电荷分布和修正电子结构的，我们分别比较了它的总态密度和阳离子或阴离子的子晶格的态密度。该方法是对传统态密度（按原子中心对称球形轨道分解）分析方法的一个补充，我们结合这两种方法分析了 LiH 的电子结构，结果如图 3-1 ~ 图 3-4 所示。

在压强为 0 GPa 时，LiH 被假定为由子晶格 H$^-$ 和 Li$^+$ 构成的纯离子晶体。根据原子轨道的展开方式，Li 原子上的 2s 电子被转移到 H 1s 态上。因此 Li$^+$ 中左边的 1s 壳层是闭合的，被紧紧地束缚在锂原子核上，原子环境的改变对它几乎没有影响（见图 3-1）。因此，LiH 中最高占据的价带应该是 H$^-$ 子晶格的 1s 态贡献的，最低未占据导带可能是 Li$^+$ 子晶格的 2s 或 2p 态。然而，因为 H$^-$ 中的电子是分散的，没有被紧紧地束缚在一起，所以我们认为高压下相邻的 H$^-$ 之间可能会有一些波函数的重叠，而形成键态 σ 和反键态 σ^*。后者可能会变成最低的未占据导带，从而决定带隙的大小。定性地来说，这个简单的图像是合理的，但是它的有效性还需要进一步验证。LiH 晶体可以被分解为 H$^-$ 和 Li$^+$ 子晶格及它们之间的相互作用。我们的计算预测发现，在 0 ~ 300 GPa 的压强范围内，B1 结构的 H$^-$ 子晶格中的带隙是被 1s 和 2p 态打开的，而不是由成键态和反键态打开的。图 3-2 和图 3-3 表明 H$^-$ 子晶格中的波函数重叠非常小。对 Li$^+$ 子晶格，观察到其 2s 和 2p 态之间有很强的杂化，导致态密度中的导带部分有带隙。需要注意的是 Li 的 1s 态的位置在能量非常低的地方，因此在图 3-2 ~ 图 3-4 中未列出，所以图中 Li$^+$ 子晶格中的 s 态指的是 Li 2s。在实际的 LiH 晶体中，H$^-$ 和 Li$^+$ 子晶格之间的强相互作用会使电子从 H$^-$ 中转移到 Li$^+$ 中，导致价带中 H 1s、Li 2s 和 Li 2p 之间有明显的杂化。低压时 LiH 的带隙几乎和 H$^-$ 子晶格中的大小一样，但是有两点不同：（1）子晶格间的相互作用会导致 H 原子和 Li 原子之间有很强的 spd 轨道杂化；（2）H$^-$ 子晶格中的未占据的 p 和 d 轨道极大地被抑制了，LiH 中的带隙是被 H 1s 和 Li 2p 态打开的。需要注意的是，0 GPa 的电子结构计算表明 LiH 价带的顶部主要是阴离子 1s 态，而导带的底部主要是阳离子 2p 态。

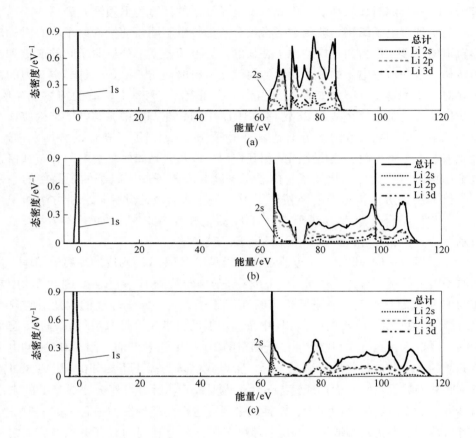

图 3-1　采用 GW 近似计算的 Li^+ 总态密度和分波态密度
（费米能级在零的位置）
(a) Li^+，B1，0 GPa；(b) Li^+，B1，300 GPa；(c) Li^+，B2，300 GPa

在高压下，以 300 GPa 时 B1 相和 B2 相为例，尽管子晶格间的相互作用也会使电子转移到 Li^+ 子晶格中，但是靠近费米能级附近的态密度主要由 Li^+ 子晶格决定，而不是由图 3-2 中的 H^- 子晶格决定。这可以从图 3-3 和图 3-4 中列出的 LiH 晶体中 H^- 和 Li^+ 子晶格中总的态密度和投影分波态密度的图形明显地看出。通过分析发现 B2 相比 B1 相更稳定，主要是由于前者有更大的价带宽（18.91 eV 对 10.39 eV），也就是价带的离域程度更高。对 300 GPa 的 B1 相，GW 使 Li 2p 轨道远离了费米能级，生成了 2.05 eV 的带隙，而在 B2 相中 GW 使价带宽度增大到 18.91 eV，如图 3-4 所示。因此高压下 B1 相中的带隙是由阳离子的 2p 态和杂化的 spd 态打开的。通过对比采用 GW 近似计算的 B1 相到 B2 相转变压强附近的 300 GPa 和 0 GPa 时总的态密度和投影分波态密度，可以很明显地看到压缩会使 H 1s、Li 2s 和 Li 2p 态变得离域。相转变到 B2 相 300 GPa 时，价带会明显地变宽，导致带隙消失。同时，导带的宽度会稍微地变窄，未占据的 Li 2p 态刚好局域在费米能级以上的位置。

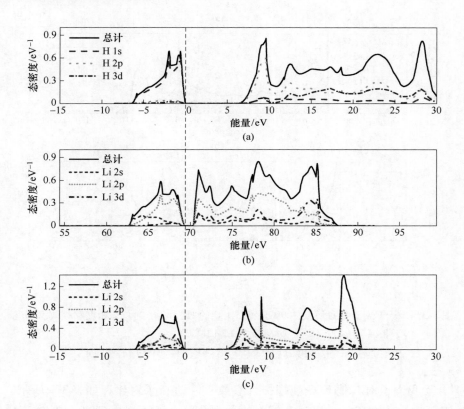

图 3-2 采用 GW 近似计算的 0 GPa 时 B1 相的 H^- 和 Li^+ 的总态密度和分波态密度
（费米能级在零的位置）
（a）H^-；（b）Li^+；（c）LiH B1（0 GPa）

3.3.2 高温高压下 LiH 及其同位素的振动自由能

尽管 GW 方法能精确地描述电子结构，但是它非常耗时，也不能得到更精确的总能和受力。通常采用 LDA 或 GGA 法，就可以得到精确的总能和受力。因此，我们采用 GGA 法计算了总能，然后采用 Vinet 状态方程（EOS）[13] 进行

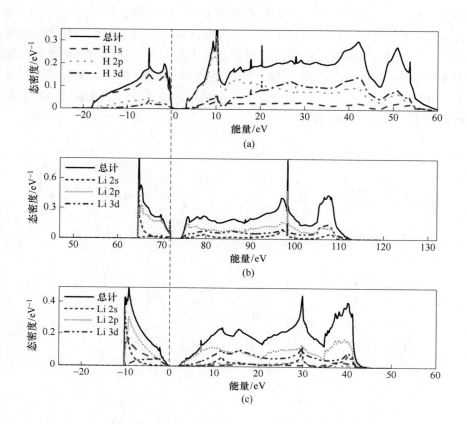

图 3-3 采用 GW 近似计算的 300 GPa 时 B1 相的 H⁻ 和 Li⁺ 的总态密度和分波态密度
（费米能级在零的位置）
(a) H⁻；(b) Li⁺；(c) LiH, B1, 300 GPa

了拟合。我们也对其他 EOS 模型拟合参数[41-43]进行了对比，如表 3-1 所示。表 3-2 所示为 LiH 在所考虑压强范围内的拟合参数。需要指出的是，我们用 Vinet 状态方程单独拟合了它的不同压强段，这些拟合参数没有任何物理含义，只有 B1 相中 0~100 GPa 的拟合参数可以和已有的实验数据对比。对于晶格动力学，采用第一性原理准简谐近似（QHA）计算了振动光谱。为了精确地表示离散的振动自由能数据，我们借助了双德拜模型（2DM），德拜温度随体积的变化用 Grüneisen 参数表示。表 3-3 所列为 ⁶LiH、⁶LiD 和 ⁶LiT，以及 ⁷LiH、⁷LiD 和 ⁷LiT 中 B1 相和 B2 相的双德拜拟合参数。双德拜模型中 $\theta_0 < \theta_A < \theta_B$，单德拜模型（1DM）中 $\theta_0 = \theta_A = \theta_B$。因此 $\theta_{A(B)}$ 随 θ_0 的变化反映的是双德拜模型相对单德拜模型的重要性。

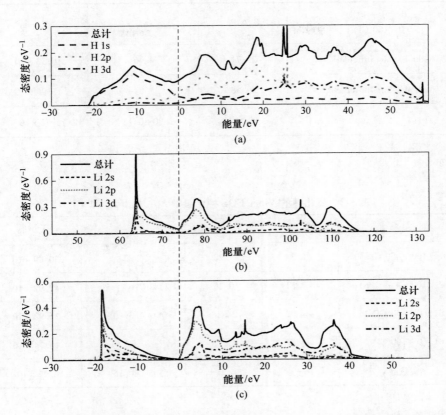

图 3-4 采用 GW 近似计算的 300 GPa 时 B2 相的 H⁻ 和 Li⁺ 的总态密度和分波态密度
(费米能级在零的位置)
(a) H⁻; (b) Li⁺; (c) LiH, B2, 300 GPa

表 3-1 氢化锂中采用不同状态方程模型拟合的参数和实验值的对比

状态方程模型 (0 ~ 100 GPa)	K_0/GPa	K_0'	V_0/nm³
Vinet[13]	33.63	3.81	16.14 × 10⁻³
Murnaghan[41]	42.30	2.63	15.86 × 10⁻³
Birch-murnaghan 3rd-order[42]	33.84	3.61	16.18 × 10⁻³
Birch-murnaghan 4th-order[43]	34.83	3.52	16.13 × 10⁻³

续表 3-1

状态方程模型 (0~100 GPa)	K_0/GPa	K_0'	V_0/nm³
Natural-strain 3rd-order[44]	29.71	4.46	16.33×10⁻³
Natural-strain 4th-order[45]	39.58	2.84	15.96×10⁻³
实验值	34.24①	3.80±0.15①	16.72×10⁻³②

① 文献 [44]；
② 文献 [45]。

表 3-2 氢化锂的 Vinet EOS 拟合参数 E_0, K_0, K_0' 和 V_0

拟合参数	E_0/eV	K_0/GPa	K_0'	V_0/nm³
B1 (100~450 GPa)	−8.34	1.72	6.32	30.89×10⁻³
B2 (100~450 GPa)	−7.81	0.26	7.64	42.92×10⁻³
B1 (0~450 GPa)	−7.92	24.18	4.39	16.92×10⁻³
B1 (0~100 GPa)	−7.88	33.63	3.81	16.14×10⁻³
实验值	—	34.24①	3.80±0.15①	16.72×10⁻³②

① 文献 [44]；
② 文献 [45]。

表 3-3 双德拜模型拟合的 0~450 GPa 压强范围内氢化锂的 B1 相和 B2 相的拟合参数

拟合参数	θ_0^0/K	α_0	β_0 /nm⁻³	θ_A^0/K	α_A	β_A /nm⁻³	θ_B^0/K	α_B	β_B /nm⁻³
⁶LiH(B1)	3036.65	0.326	53	1474.33	−0.462	138	4383.04	0.506	37
⁶LiD(B1)	2553.45	0.318	57	1316.22	−0.606	125	3229.39	0.593	27
⁶LiT(B1)	2307.49	0.319	57	1222.27	−0.098	−5	2809.79	0.807	−10
⁷LiT(B1)	2220.26	0.320	57	—	—	—	—	—	—
⁶LiH(B2)	2995.69	−0.286	218	1844.87	0.298	118	4205.52	0.802	−4
⁶LiD(B2)	2518.94	0.249	112	1974.72	−0.887	405	3139.34	0.844	10
⁶LiT(B2)	2276.23	0.252	111	2153.76	−3.779	1024	3245.11	1.351	−4

续表 3-3

拟合参数	θ_0^0/K	α_0	β_0 /nm^{-3}	θ_A^0/K	α_A	β_A /nm^{-3}	θ_B^0/K	α_B	β_B /nm^{-3}
^{7}LiT(B2)	2423.82	0.249	112	1718.53	-2.396	737	3066.68	1.023	7
^{7}LiH(B1)	2038.74	0.420	39	1137.90	0.096	57	2926.23	0.714	8
^{7}LiD(B1)	1714.40	0.420	39	1146.12	-0.388	87	2103.34	0.855	-10
^{6}LiH(B1)①	3036.6	0.404	41	1474.33	-0.116	76	4383.04	0.616	18

注:$\theta_{0,A,B}^0$ 的参考压强在 450 GPa 左右。
① 拟合 0~450 GPa 范围内的 ^{6}LiH 的 B1 相。

为了进行对比,我们也评估了单德拜模型对计算体系的适用性。表 3-4 为关于不同压强和温度下 ^{6}LiH、^{6}LiD、^{6}LiT 和 ^{7}LiT 中的 B1 相和 B2 相,1DM 和 2DM 计算的振动自由能相对于第一性原理简谐近似的自由能的相对误差。由表 3-4 可以看出:在 300 K 时,对 100 GPa 的 B1 相和 450 GPa 的 B2 相,通过 1DM 计算 ^{6}LiH 的振动自由能有最大的相对误差 (7.27%~10.98%);当温度达 3000 K 时,相对误差会大大地减小。对较重的氢的同位素,相对误差也会变小。这是由于较重的氢的同位素会使振动自由能减小,振动光谱和 1DM 产生的光谱更类似。当 2DM 被用来计算振动自由能时,^{6}LiH、^{6}LiD 和 ^{6}LiT 的相对误差会减小 1 到 2 个量级。注意到 B2 结构在 100 GPa、3000 K 时,2DM 的相对误差比 1DM 的要小一些,两者都小于 3.97%。这表明 1DM 和 2DM 在产生它的 QHA 的结果时有相似的精度,但是总体来说 2DM 的结果要更好些。因为氢化锂的光谱中有多个峰,所以 2DM 比 1DM 更容易描述它。图 3-5 所示为 ^{6}LiH 在 100 GPa、450 GPa 时 B1 结构和 B2 结构用第一性原理 QHA 和 2DM 计算的声子态密度。由图 3-5 可以看出,2DM 的声子态密度形状比 1DM 产生的更接近第一性原理产生的 $g_{FP}(\omega)$,1DM 的声子态密度只有单峰。

表 3-4 氢化锂中单德拜模型和双德拜模型相对第一性原理
简谐近似计算的振动自由能误差

误差/%			单德拜模型				双德拜模型			
			^{6}LiH	^{6}LiD	^{6}LiT	^{7}LiT	^{6}LiH	^{6}LiD	^{6}LiT	^{7}LiT
B1	100 GPa	300 K	7.33	2.75	1.33	5.21	0.05	0.02	0.09	—
		3000 K	0.60	0.18	0.09	0.45	0.009	0.004	0.04	—

续表 3-4

	误差/%		单德拜模型				双德拜模型			
			^{6}LiH	^{6}LiD	^{6}LiT	^{7}LiT	^{6}LiH	^{6}LiD	^{6}LiT	^{7}LiT
B1	450 GPa	300 K	10.60	6.18	4.92	1.71	0.02	0.01	0.003	—
		3000 K	4.04	0.94	0.48	0.05	0.01	0.003	0.02	—
B2	100 GPa	300 K	10.98	3.95	2.51	2.87	2.60	0.14	0.61	0.26
		3000 K	3.97	0.23	0.14	0.15	3.50	0.11	0.10	0.09
	450 GPa	300 K	7.27	2.56	1.08	1.52	0.03	0.03	0.03	0.03
		3000 K	2.40	0.31	0.05	0.09	0.14	0.07	0.07	0.05

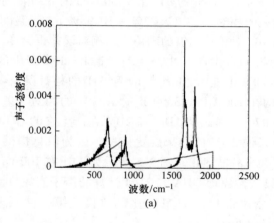

(a)

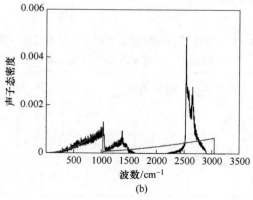

(b)

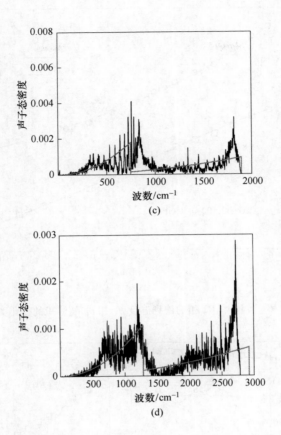

图 3-5 ^{6}LiH 在 100 GPa 和 450 GPa 时 B1 结构和 B2 结构的声子态密度
（黑色的线表示第一性原理 QHA 的数据，红色的线表示 2DM 计算的数据）
(a) B1, 100 GPa；(b) B1, 450 GPa；(c) B2, 100 GPa；(d) B2, 450 GPa

对于标准的单德拜模型，热压的表达式如下：

$$P_{\text{th}} = \frac{\gamma_0}{V}\left(\frac{9}{8}k_B\theta_0 + 3k_B TD\frac{\theta_0}{T}\right)$$

式中，Grüneisen 参数 γ_0 是体积的光滑函数，通常可以用式（2-75）描述。2DM 中 Grüneisen 参数 $\gamma_{A(B)}$ 也和 γ_0 有相似的行为。式（2-75）适用于大多数情况，除了 ^{7}LiT。在图 3-6 和图 3-7 中，我们列出了 ^{7}LiT 中 B1 相和 B2 相的 θ_A 和 θ_B 随体积的函数变化关系。由图 3-6 和图 3-7 可以看出：B2 相的 θ_A 和 θ_B 可以被式（2-75）描述得很好；而 B1 相中 θ_A 和 θ_B 的变化是无规则的，其相应的 Grüneisen 参数也不能被导出。因此，对 ^{7}LiT 中的 B1 相我们采用 1DM 去产生 QHA 的结果。如表 3-4 所示，在低温时，相对误差会稍微偏大。

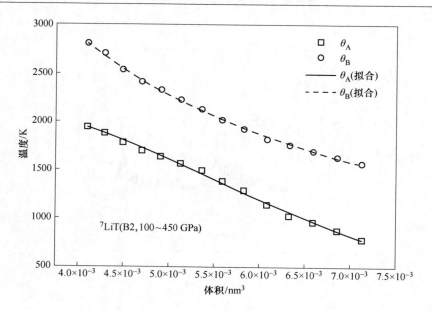

图 3-6 ^{7}LiT 中 B2 相的德拜温度 θ_A 和 θ_B 随体积的变化关系

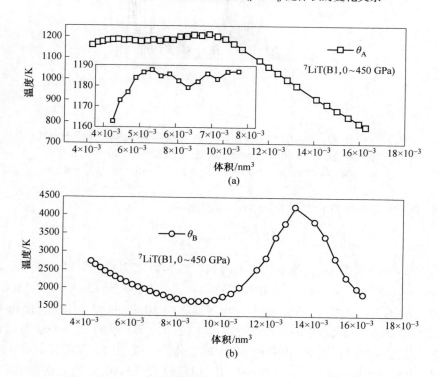

图 3-7 ^{7}LiT 中 B1 相的德拜温度 θ_A 和 θ_B 随体积的变化关系

3.3.3 状态方程和 B1-B2 固体相边界

由于 2DM 在产生振动自由能时的高准确度,因此我们用它计算了氢化锂的状态方程。以前的理论计算结果[18,46]和实验报道的数据[11]有一些轻微的偏差,这被认为是由于忽略了零点振动（ZPE）。图 3-8 所示为在 300 K 时采用不同方法计算的 ^{7}LiH 的 EOS 及 LOUBEYRE 等人[7,11]报道的静态 DAC 实验数据。在此图中,Vinet EOS 的冷压线没有包括 ZPE 的贡献,然而这些标记为 0 K 的线是包括了 ZPE 的。可以看出特别是高压部分,和实验数据对比,冷压线是明显有偏差的。振动的贡献大大地软化了这个偏差的趋势,300 K 的等温线和实验数据符合得很好,而 0 K 的等温线仍然稍有偏差。这表明 ZPE 和温度在氢化锂的 EOS 中起着非常重要的作用。图 3-8 的插图中列出了常压下 ^{7}LiH 中 B1 相的晶格常数随温度的变化关系。可以看出,我们的 EOS 与其他报道的理论[18]和实验数据[47]均符合得很好。需要注意的是,在整个考查的压强范围内,2DM 和 1DM 得出了相似的静态压缩曲线。

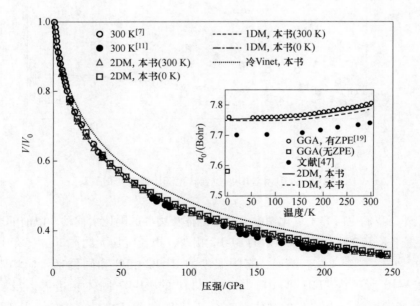

图 3-8　不同方法计算的 ^{7}LiH 的状态方程及常压下 ^{7}LiH 中 B1 相的晶格常数 a_0 随温度的变化关系（1 Bohr = 0.053 nm）

V_0—常压下的体积

实验测量了 300 K 时 ^{7}LiH 和 ^{7}LiD 压强之间的同位素移动[7]。以前的 DFPT 结果[23]表明低压时 ZPE 在同位素移动中有非常重要的作用。我们采用 2DM 和 1DM 计算了实验考查的压强范围内的同位素移动。如图 3-9 所示，采用 1DM 的实验结果和以前采用标准单德拜模型报道的结果一致，但这些结果都低估了同位素效应。另外，混合的德拜-爱因斯坦方法（横向的光学支由爱因斯坦模型表示）会高估同位素效应。然而，当采用 2DM 时，压强的同位素移动和实验吻合得较好。这表明单德拜模型的函数形式不能很好地模拟 QHA 的结果。高压时 2DM 和实验结果的轻微偏差可能是由于在第一性原理 QHA 计算中没有考虑非谐效应，而在量子热浴−分子动力学（QTB-MD）的计算[24]中包含了这个效应。

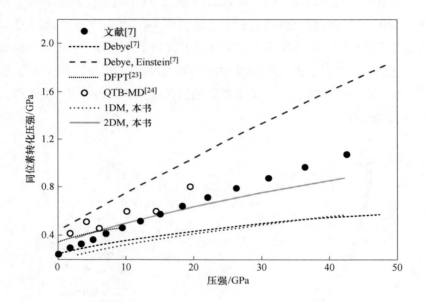

图 3-9　^{7}LiH 和 ^{7}LiD 同位素转化随压强的变化关系

此外，我们也研究了氢化锂中 B1-B2 固体相边界的同位素移动。以前的理论计算主要是 0 K 和 300 K 的 ^{7}LiH 中的 B1-B2 相变，相变压强大约在 200～500 GPa 的范围内[8,10-12,14-16,20,24,48]。然而，有限温度的 B1-B2 相变和同位素效应均未见报道。图 3-10 所示为 ^{6}LiH、^{6}LiD、^{6}LiT 和 ^{7}LiT 的 B1-B2 固体相边界，没有列出 ^{7}LiH 和 ^{7}LiD 的，因为它们的同位素效应与 ^{6}LiH 和 ^{6}LiD 的非常接近。^{6}LiH、^{6}LiD 和 ^{6}LiT 的相边界是采用 2DM 计算的，而 ^{7}LiT 的相边界是采用 1DM 计算的，因为它的 B1 结构不能用双德拜模型来模拟。图 3-10 中的插图列出了温度为 0～3000 K 时 2DM 计算的 ^{6}LiH、^{6}LiD 和 ^{6}LiT 的相变压强相对于 1DM 计算的相对误差。可以看出，相对误差随着温度的升高会降低，在 0 K 时，^{6}LiH 的最大相对误差达 5%。在描述 B1-B2 固体相边界时，这些误差的量级不能被忽略。

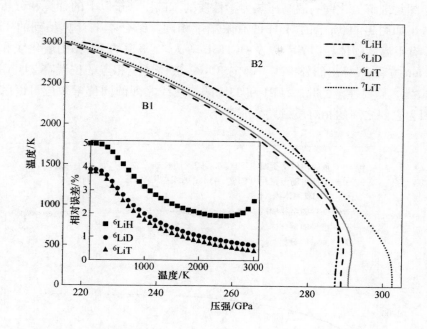

图 3-10　双德拜模型 2DM 计算的 ^{6}LiH、^{6}LiD 和 ^{6}LiT 的 B1-B2 固体相边界，单德拜模型 1DM 计算的 ^{7}LiT 的 B1-B2 固体相边界

（插图：1DM 相对 2DM 计算的相变压强误差）

由图 3-10 可知，B1-B2 相边界的同位素效应很大：当温度高于 2000 K 时，^{6}LiH 和 ^{6}LiD 之间的同位素效应非常明显；当温度降低时，^{6}LiT 和 ^{7}LiT 之间的同位素效应也会变大。但是它可能是由于 ^{7}LiT 中的相边界是采用 1DM 计算的，会产生误差。在 0 K 时，^{6}LiT 和 ^{7}LiT 之间的相变压强差异大约有 15 GPa。随着温度的升高，这个差异会减小，最后在 1490 K 和 280 GPa 时发生反转。当高于这个温度时，^{6}LiH 的相变压强比 ^{7}LiT 的高。注意到相对于 ^{6}LiD 和 ^{6}LiT，^{6}LiH 相边界的相对位置也会发生反转。在高温（接近 3000 K）时，同位素移动减少。需要指出的是除了 ^{7}LiT，所有的 ^{6}LiX（X = H、D、T）的 B1-B2 相边界出现微弱的凹角。特别地，在高于 0 K 相变压强的一个较窄的压强范围内，升高温度会使化合物回到 B1 相，继续升温会使它再次回到 B2 相。这些性质在其他碱金属氢化物中可能也会出现。

3.3.4 相图

相图是理解氢化锂高温高压热力学性质的基础。基于以上的计算和分析，我们构造了如图 3-11 所示的 ^{6}LiH 的有限温度相图。结合本书计算得到的 ^{6}LiH 的 B1-B2 有限温度固体相边界，以及 OGITSU 等人[49]报道的 B1 相的熔化线和其采用 Kechin 方程[50]导出的外推线，确定 B1-B2-液体的三相点的位置在 241 GPa 和 2413 K 处。需要注意的是，^{6}LiH 和 ^{7}LiH 的熔化线之间的同位素效应可以忽略不计，因为它们之间的相对质量差异非常小。

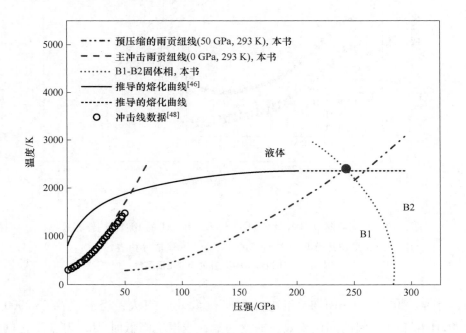

图 3-11　计算的 ^{6}LiH 相图

除了静态的实验数据如金刚石对顶砧（DAC），动力学压缩也是探索高压物理的一个重要方法。图 3-11 比较了 2DM 计算得到的主冲击雨贡纽（Hugoniot）线（根据第一性原理计算冲击雨贡纽线的细节参见文献［51］）和 MARSH[52]报道的冲击波实验的推导数据，可以看出它们吻合得很好。只有当冲击压强高于 25 GPa 时，我们采用 2DM 预测的冲击温度才会稍微偏高。但是这个轻微的偏差可能不是 QHA 的计算精度或 2DM 的拟合导致的。冲击波实验样品中少量的杂质[52]（4.5%　^{7}Li）可能会改变光谱和晶格比热，从而减少晶格振动的贡献。

我们通过计算预测的冲击熔化发生在 1923 K 和 56 GPa 的位置，这是远离 B2 固体相区域的。如图 3-11 所示，压强为 0 时直接冲击 LiH 是不会穿过 B1-B2 相边界的。除了等熵或多次冲击压缩外，对样品在低压时开始预压缩可以进入 B2 固体相。我们发现在 293 K 时，要穿过三相点进入 B2 相需要至少 50 GPa 的预压缩。图 3-12 也列出了预压缩的冲击雨贡纽线。当沿着固体相边界进入 B2 相时，温度会下降 230 K 左右，相应的体积坍缩达 4.6%。通过对比发现，0 K 时同样的 B1-B2 结构相变只有 1.2% 的体积坍缩。

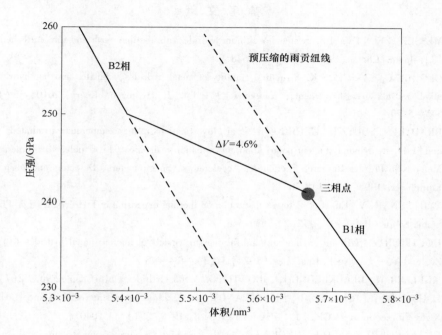

图 3-12 通过三相点的预压缩的雨贡纽线导致的 4.6% 的 B1-B2 相变的体积坍缩

3.4 本章小结

通过第一性原理计算研究了氢化锂的电子结构、热力学性质和有限温度下的相图。通过电子结构的研究，发现 LiH 不是一个纯的带电荷的离子晶体。晶体中 Li^+ 子晶格和 H^- 子晶格有非常强的相互作用，导致后者会转移电荷给前者，从而导致 LiH 中有很强的 spd 杂化。在低压时费米能级附近的电子结构是由 H^- 子晶格决定的,而在高压时是由 Li$^+$ 子晶格决定的。采用第一性原理准简谐近似和双德拜模型,精确地模拟了氢化锂的振动自由能,以及状态方程和 B1-B2 固体相边界的同位素效应。此外,本书还完善了 LiH 的相图,预测三相点在 241 GPa 和 2413 K 的位置。从 50 GPa 开始预压缩时,冲击雨贡纽线会穿过三相点沿着 B1-B2 固体相边界进入 B2 固体相,变得不连续和有较大的体积坍缩。鉴于氢化锂在工业和核动力工程中的广泛运用,本书的研究结论对进一步的实验和理论研究将会有一定的激发作用。

参 考 文 献

[1] MESSER C E, LEVY I S. Systems of lithium hydride with alkaline earth and rare earth hydrides [J]. Inorg. Chem., 1965, 4(4): 543-548.

[2] GEORGE L, SAXENA S K. Structural stability of metal hydrides, alanates and borohydrides of alkali and alkali-earth elements: A review [J]. Int. J. Hydrogen. Energ, 2010, 35(11): 5454-5470.

[3] BRADTKE C, DUTZ H, GEHRING R, et al. Investigations in high temperature irradiated $^{6-7}$LiH and ^{6}LiD, its dynamic nuclear polarization and radiation resistance [J]. Nuclear Instruments and Methods in Physics Research Section A: Accelerators, Spectrometers, Detectors and Associated Equipment, 1995, 356(1): 20-28.

[4] TYUTYUNNIK V. Effect of isotope substitution on thermal expansion of LiH crystal [J]. Physica Status Solidi (B), 1992, 172(2): 539-543.

[5] HOUTEN R V. Selected engineering and fabrication aspects of nuclear metal hydrides (Li, Ti, Zr, and Y) [J]. Nucl. Eng. Des., 1974, 31(3): 434-448.

[6] MUELLER W, BLACKLEDGE J, LIBOWITZ G. Metal Hydrides [J]. Chapt, 1968, 2(7): 8.

[7] LOUBEYRE P, TOULLEC R L, HANFLANDM, et al. Equation of state of ^{7}LiH and ^{7}LiD from X-ray diffraction to 94 GPa [J]. Physics Review B, 1998, 57(17): 10403.

[8] GHANDEHARI K, LUO H, RUOFF A L, et al. New high pressure crystal structure and equation of state of cesium hydride to 253 GPa [J]. Phys. Rev. Lett., 1995, 74(12): 2264.

[9] DUCLOS S J, VOHRA Y K, RUOFF A L, et al. High-pressure studies of NaH to 54 GPa [J]. Phys. Rev. B, 1987, 36(14): 7664.

[10] HOCHHEIMER H, STRÖSSNER K, HÖNLE W, et al. High pressure X-ray investigation of the alkali hydrides NaH, KH, RbH, and CsH* [J]. Zeitschrift für Physikalische Chemie, 1985, 143(143): 139-144.

[11] LAZICKI A, LOUBEYRE P, OCCELLI F, et al. Static compression of LiH to 250 GPa [J]. Phys. Rev. B, 2012, 85(5): 054103.

[12] HAMMERBERG J. The high density properties of lithium hydride [J]. J. Phys. Chem. Solids, 1978, 39(6): 617-624.

[13] VINET P, ROSE J H, FERRANTE J, et al. Universal features of the equation of state of solids [J]. J. Phys.: Condens. Matter, 1989, 1(11): 1941-1963.

[14] ZHANG J, ZHANG L, CUI T, et al. Phonon and elastic instabilities in rocksalt alkali hydrides under pressure: first-principles study [J]. Phys. Rev. B, 2007, 75(10): 104115.

[15] LEBÈGUE S, ALOUANI M, ARNAUD B, et al. Pressure-induced simultaneous metal-insulator and structural-phase transitions in LiH: A quasiparticle study [J]. EPL (Europhysics Letters), 2003, 63(4): 562.

[16] ZUREK E, HOFFMANN R, ASHCROFT N W, et al. A little bit of lithium does a lot for hydrogen [J]. Proc. Natl. Acad. Sci., 2009, 106(42): 17640-17643.

[17] MUKHERJEE D, SAHOO B D, JOSHI K D, et al. Thermo-physical properties of LiH at high pressures by ab initio calculations [J]. J. Appl. Phys., 2011, 109(10): 103515.

[18] WEN Y, CHANGQING J, AXEL K. First principles calculation of phonon dispersion, thermodynamic properties and B1-to-B2 phase transition of lighter alkali hydrides [J]. J. Phys.: Condens. Matter, 2007, 19(8): 086209.

[19] HAMA J, KAWAKAMI N. Pressure induced insulator-metal transition of solid LiH [J]. Phys. Lett. A, 1988, 126(5): 348-352.

[20] WANG Y, AHUJA R, JOHANSSON B. LiH under high pressure and high temperature: A first-principles study [J]. Physica Status Solidi (B), 2003, 235(2): 470-473.

[21] XIE Y, MA Y M, CUI T, et al. Origin of bcc to fcc phase transition under pressure in alkali metals [J]. New J. Phys., 2008, 10(6): 4754-4755.

[22] ZHANG H F, YU Y, ZHAO Y N, et al. Ab initio electronic, dynamic, and thermodynamic properties of isotopic lithium hydrides (^{6}LiH, ^{6}LiD, ^{6}LiT, ^{7}LiH, ^{7}LiD, and ^{7}LiT) [J]. J. Phys. Chem. Solids, 2010, 71(7): 976-982.

[23] ROMA G, BERTONI C M, BARONI S. The phonon spectra of LiH and LiD from density-functional perturbation theory [J]. Solid State Commun, 1996, 98(3): 203-207.

[24] DAMMAK H, ANTOSHCHENKOVA E, HAYOUN M, et al. Isotope effects in lithium hydride and lithium deuteride crystals by molecular dynamics simulations [J]. Journal of Physics Condensed Matter An Institute of Physics Journal, 2012, 24(43): 435402.

[25] RAJAGOPAL A K, CALLAWAY J. Inhomogeneous electron gas [J]. Phys. Rev. B, 1973, 7(5): 1912.

[26] KOHN W, SHAM L J. Self-consistent equations including exchange and correlation effects [J]. Phys. Rev., 1965, 140(4A): A1133.

[27] KRESSE G, FURTHMÜLLER J. Efficient iterative schemes for ab initio total-energy calculations using a plane-wave basis set [J]. Phys. Rev. B, 1996, 54(16): 11169-11186.

[28] KRESSE G, FURTHMÜLLER J. Efficiency of ab-initio total energy calculations for metals and semiconductors using a plane-wave basis set [J]. Comp. Mater. Sci., 1996, 6(1): 15-50.

[29] PERDEW J P, BURKE K, ERNZERHOF M. Generalized gradient approximation made simple [J]. Phys. Rev. Lett., 1996, 77(18): 3865.

[30] BLÖCHL P E. Projector augmented-wave method [J]. Phys. Rev. B, 1994, 50(24): 17953.

[31] KRESSE G, JOUBERT D. From ultrasoft pseudopotentials to the projector augmented-wave method [J]. Phys. Rev. B, 1999, 59(3): 1758.

[32] TOGO A, OBA F, TANAKA I. First-principles calculations of the ferroelastic transition between rutile-type and CaCl$_2$-type SiO$_2$ at high pressures [J]. Phys. Rev. B, 2008, 78(13): 134106.

[33] CAILLABET L, MAZEVET S, LOUBEYRE P. Multiphase equation of state of hydrogen from ab initio calculations in the range 0.2 to 5 g/cc up to 10 eV [J]. Physical Review B Condensed Matter, 2011, 83(9): 328-340.

[34] CORREA A A, BENEDICT L X, YOUNG D A, et al. First-principles multiphase equation of state of carbon under extreme conditions [J]. Phys. Rev. B, 2008, 78(2): 024101.1-024101.13.

[35] KONDO Y, ASAUMI K. Effect of pressure on the direct energy gap of LiH [J]. J. Phys. Soc. Jpn., 1988, 57(1): 367-371.

[36] SHISHKIN M, KRESSE G. Implementation and performance of the frequency-dependent GW method within the PAW framework [J]. Phys. Rev. B, 2006, 74(3): 5101.1-5101.13.

[37] FUCHS F, FURTHMÜLLER J, BECHSTEDT F, et al. Quasiparticle band structure based on a generalized Kohn-Sham scheme [J]. Phys. Rev. B, 2007, 76(11): 115109.

[38] GRUMET M, LIU P T, KALTAK M, et al. Self-consistent GW calculations for semiconductors and insulators [J]. Phys. Rev. B, 2007, 75(23): 235102.

[39] SHISHKIN M, MARSMAN M, KRESSE G. Accurate quasiparticle spectra from self-consistent GW calculations with vertex corrections [J]. Phys. Rev. Lett., 2007, 99(24): 246403.1-246403.4.

[40] BARONI S, PARRAVICINI G P, PEZZICA G. Quasiparticle band structure of lithium hydride [J]. Phys. Rev. B, 1985, 32(6): 4077.

[41] MURNAGHAN F D. Finite deformations of an elastic solid [J]. Am. J. Math., 1937, 59(2): 235-260.

[42] BIRCH F. Finite elastic strain of cubic crystals [J]. Phys. Rev., 1947, 71(11): 809-824.

[43] POIRIER J P, TARANTOLA A. A logarithmic equation of state [J]. Physics of the Earth and Planetary Interiors, 1998, 109(1): 1-8.

[44] VIDAL J P, VIDAL VALAT G. Accurate Debye-Waller factors of ^{7}LiH and ^{7}LiD by neutron diffraction at three temperatures [J]. Acta Crystallographica Section B, 1986, 42(2): 131-137.

[45] GERLICH D, SMITH C S. The pressure and temperature derivatives of the elastic moduli of lithium hydride [J]. Journal of Physics & Chemistry of Solids, 1974, 35(12): 1587-1592.

[46] MUKHERJEE D, SAHOO B D, JOSHI K D, et al. Lattice dynamic calculations on LiH [J]. Ram, 2013, 1536: 403-404.

[47] SMITH D K, LEIDER H R. Low-temperature thermal expansion of LiH, MgO and CaO [J]. J. Appl. Crystallogr., 1968, 1(4): 246-249.

[48] MARTINS J L. Equations of state of alkali hydrides at high pressures [J]. Phys. Rev. B, 1990, 41(11): 7883.

[49] OGITSU T, SCHWEGLER E, GYGI F, et al. Melting of lithium hydride under pressure [J]. Phys. Rev. Lett., 2003, 91(17): 175502.

[50] KECHIN V V. Melting curve equations at high pressure [J]. Phys. Rev. B, 2001, 65(65): 052102.
[51] GENG H Y, CHEN N X. SLUITER M H F, Shock-induced order-disorder transformation in Ni_3Al [J]. Phys. Rev. B, 2005, 71(1): 012105.
[52] MARSH S. Hugoniot Equations of State of Li ^{6}H, Li ^{6}D, Li ^{7}H, and Li ^{7}D [J]. Los Alamos Scientific Lab., N. Mex. (USA): 1972.

4 高压下稳定的基态化合物富氢化锂

4.1 概　　述

近年来，高压下富氢化锂（LiH_n）的合成引起了科学家的广泛兴趣。实验上，动能势垒可能会使 LiH 和 H_2 混合后不能形成 LiH_n。研究发现一直到 160 GPa、300 K，LiH 和 H_2 没有发生任何化学反应[1]。为了帮助克服这个障碍，KUNO 等人[2]用激光加热金刚石压腔中的 LiH 与 H_2 的混合物，这是首次在实验上观察到含有 H_2 单元的 LiH_n（被称为 LiH_x-Ⅱ）。研究表明 LiH_x-Ⅱ 在 5 GPa、1800 K 时被合成，一直保持透明到 62 GPa。然而，在加热过程中，很难避免可能的化学污染。最近，通过对化学变化高度敏感的同步加速器红外吸收的无损探测技术，观察到在 130 GPa 时，含有 H_2 单元的 LiH_n 被合成[3]。这个实验明确地表明它们可以一直保持绝缘到 215 GPa。随着压强的增加，其红外振动频率的移动也增大。理论上，ZUREK 等人[4]早在 2009 年就用密度泛函理论（DFT）和 Perdew-Burke-Ernzerhof（PBE）法预测了 LiH_n（$n=2\sim8$）的稳定性。关于 LiH_n 的形成压强，该计算结果和实验报道的数据是一致的。实验测量的振动频率也与 LiH_2 和 LiH_6 计算的最强频率大致吻合。遗憾的是，理论预测的金属行为和实验观测的绝缘特征非常矛盾。它们之间定性的不符合促使我们采用更精确的交换关联泛函来进一步研究 LiH_n。

众所周知，采用不同的交换关联泛函会影响计算的结果[5]。PBE 方法对 Li 和 Na 单质结构的稳定性以及 H_2 的熔化行为均有很好的描述[6-9]。然而，最近发现，PBE 方法不能很好地描述 H_2 的离解，非常有必要进行范德瓦尔斯（vdW）修正[10]。通过计算氢分子相的键长发现，与其他泛函相比，vdW-DF 泛函计算的结果与精确的蒙特卡罗计算的结果最吻合[10]。因为在大多数富氢化合物中都含有 H_2 单元，有一些甚至包含 H_2 的离解，所以范德瓦尔斯作用可能对这些化合物的稳定性有非常重要的贡献。但是在以前的 DFT 计算中完全忽略了这个贡献，这可能是实验观察和理论预测 LiH_n 有很大偏差的原因。因此，我们采用粒子群优化算法[11-12]结合 vdW-DF 泛函[13]对 LiH_n（$n=2\sim11,13$）进行了结构搜索，系统地研究了它们在高压下的相稳定性。

4.2 计算方法

我们通过基于粒子群优化算法的晶体结构预测程序 CALYPSO 方法[11-12]对高压下 LiH_n($n=2\sim11,13$)的结构进行搜索。以上方法已经对高压富氢化合物的结构预测[14-19]和其他的新奇材料的结构预测[20-24]取得了良好的成效。在我们的结构搜索中,每个模拟包含有 1~4 个分子单元,每一代搜索产生 30~50 个结构(第一代是随机产生的)。结构搜索模拟通常在产生 900~1500 个结构后停止。总能量计算和结构优化采用平面波基组和非局域色散的修正密度泛函 vdW-DF[13]通过 VASP 程序包[25]实现。截断能取 950 eV 和足够的 K 点取样使计算的焓值有非常好的收敛性(<1 meV/atom)。原子的电荷通过 Bader 的拓扑分析[26-28]采用高密度格点保证高精度。为了研究预测相的动力学稳定性,我们采用 Phonopy 程序[29]中的小位移方法计算了它们的晶格动力学。

4.3 结果与讨论

4.3.1 高压下 LiH_n($n=2\sim11,13$)的晶体结构预测

我们采用 vdW-DF 泛函对 LiH_n($n=2\sim11,13$)在温度为 0 K、压强为 150 和 200 GPa 时进行了结构搜索。为了研究它们的热力学稳定性(相对于 LiH 和 H_2),我们计算了 $LiH+(n/2)H_2\rightarrow LiH_n$ 反应前后的焓变 ΔH,即所谓的形成焓,结果如图 4-1 和图 4-2 所示。需要指出的是,LiH 一直是稳定的化合物[4],因此没有必要研究 LiH_n 相对单质 Li 和 H_2 的热力学稳定性。我们的预测结果表明:在压强为 130~170 GPa 时,LiH_n 中稳定的比例是 LiH_2 和 LiH_9;当压强为 180~200 GPa 时,稳定的比例变成 LiH_2、LiH_8 和 LiH_{10}。相对于 LiH 和 H_2,LiH_2 的形成焓是整个压强范围内负得最低的。以上这些结果和以前 ZUREK 等人[4]用 PBE 方法预测得到的关于 LiH_n($n=2\sim8$)的结论形成了鲜明的对比,他们发现在压强为 150~200 GPa 时,稳定的化合物是 LiH_2、LiH_6 和 LiH_8,其中 LiH_6 是最稳定的。然而,vdW-DF 泛函预测 LiH_6 是亚稳的。此外,我们也用 vdW-DF 泛函重新计算了 LiH_{16} 的形成焓,与 PICKARD 等人[30]用 PBE 方法计算的结果对比发现,当包含范德瓦尔斯作用时,LiH_{16} 的形成焓从负变为正,表明它在能量上是不稳定或者亚稳的。在图 4-1 中画出了 LDA、PBE 和 vdW-DF

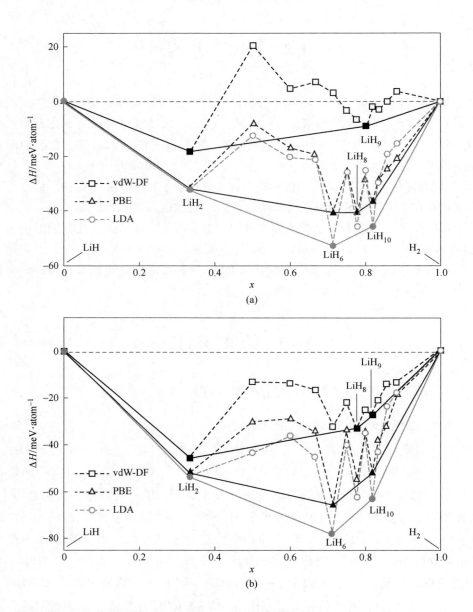

图 4-1 采用 vdW-DF、PBE 和 LDA 泛函计算的 LiH_n ($n=2\sim11,13,16$) 相对于 LiH 和 H_2 的形成焓 ΔH

（横坐标 x 是结构中 H_2 的占比，位于 convex hull（实线）的实心符号表示稳定的比例。LiH 的 B1 相[31]和固态 H_2 的 $P6_3/m$ 和 $C2/c$ 结构[32]被用作参考态来计算。vdW-DF 泛函预测了固态 H_2 在 100~200 GPa 时的结构相变）

(a) 150 GPa；(b) 200 GPa

泛函计算的 LiH_n 相的稳定性。从图 4-1 中很明显地看到，范德瓦尔斯作用对 LiH_n 相的稳定性有非常重要的影响：它不仅增加了两个新相 LiH_9 和 LiH_{10} 到基态（它们的结构如图 4-3 所示），而且还使 LiH_6 变得不稳定。在表 4-1 中列出了 PBE 和 vdW-DF 泛函计算的 LiH_n($n=2,6\sim10$) 在压强为 150 GPa 时 H—H、Li—H 和 Li—Li 的最短键长。从表 4-1 可以看出，vdW-DF 泛函主要是修正了 H—H 的键长并与 PBE 计算结果进行了对比，vdW-DF 计算的 H—H 键长更短，这和我们最初的猜想是完全一致的。范德瓦尔斯作用对键长的影响导致晶格常数会稍微变大（见表 4-2），从而大大地改变了 LiH_n 的相稳定性。图 4-4 所示为 0 K 时的零点振动能和有限温度下的自由能对相稳定性的影响，从图 4-4 可以看出它们是可以忽略不计的。

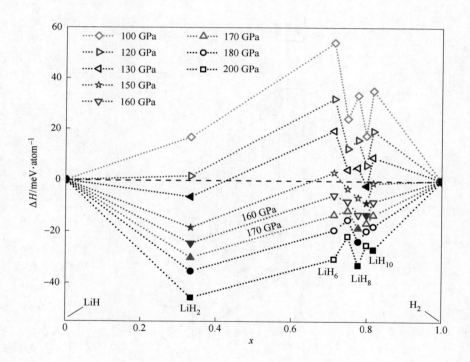

图 4-2 采用 vdW-DF 泛函计算的不同压强下 LiH_n($n=2,6\sim10$) 相对于 LiH 和 H_2 的形成焓 ΔH

（横坐标 x 是结构中 H_2 的占比，位于凸包（虚线）的实心符号表示不同压强下稳定的比例。从图 4-2 可以看出当高于 120 GPa 时 LiH_2 是稳定的，在 130～170 GPa 时 LiH_9 是稳定的，在 180～200 GPa 时 LiH_8 和 LiH_{10} 是稳定的）

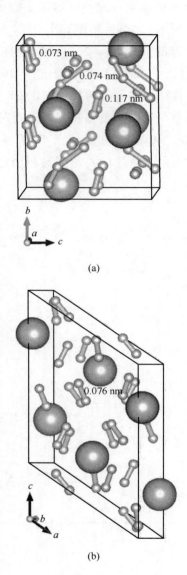

图 4-3 热力学稳定的结构和 H_2 单元及反对称 H_3^- 团簇的键长

(a) LiH_9, 150 GPa; (b) LiH_{10}, 200 GPa

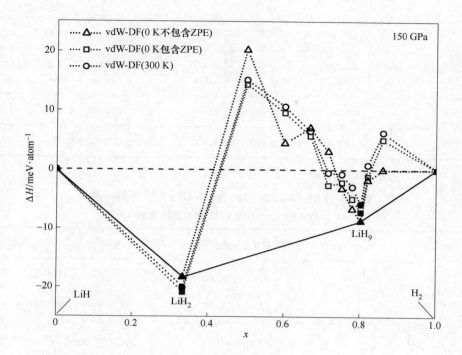

图 4-4 采用 vdW-DF 泛函计算的 150 GPa 下 LiH_n ($n=2\sim10,13$)
相对于 LiH 和 H_2 的形成焓 ΔH

(包含和不包含零点振动(ZPE), LiH_n 在 300 K 时的吉布斯自由能; 横坐标 x 是结构中 H_2 的占比, 位于凸包(实线)的实心符号表示该压强下稳定的比例)

表 4-1 LiH_n ($n=2,6\sim10$) 在 150 GPa 时的最短键长及它们的 PBE 计算结果相对 vdW-DF 泛函的相对误差

LiH_n (150 GPa)	H—H			Li—H			Li—Li		
	PBE /nm	vdW-DF /nm	误差 /%	PBE /nm	vdW-DF /nm	误差 /%	PBE /nm	vdW-DF /nm	误差 /%
LiH_2	0.0762	0.0734	3.8	0.1500	0.1508	−0.5	0.1797	0.1801	−0.2
LiH_6	0.0822	0.0795	3.4	0.1617	0.1627	−0.6	0.2569	0.2589	−0.8
LiH_7	0.0764	0.0734	4.1	0.1513	0.1520	−0.5	0.2240	0.2258	−0.8
LiH_8	0.0809	0.0784	3.2	0.1517	0.1527	−0.7	0.2915	0.2967	−1.8

续表 4-1

LiH$_n$ (150 GPa)	H—H			Li—H			Li—Li		
	PBE /nm	vdW-DF /nm	误差 /%	PBE /nm	vdW-DF /nm	误差 /%	PBE /nm	vdW-DF /nm	误差 /%
LiH$_9$	0.0747	0.0720	3.7	0.1503	0.1513	−0.7	0.2407	0.2433	−1.1
LiH$_{10}$	0.0790	0.0763	3.5	0.1516	0.1521	−0.3	0.2960	0.3034	−2.4

表 4-2　LiH$_n$（$n=2,6\sim10$）在 150 GPa 时采用 PBE 和 vdW-DF 泛函优化的原胞的晶格常数

物质	对称群	PBE 优化后的晶格常数	vdW-DF 优化后的晶格常数
LiH$_2$	$P4/mbm$	$a=b=0.4087$ nm $c=0.1961$ nm $\alpha=\beta=\gamma=90.000°$	$a=b=0.4115$ nm $c=0.1967$ nm $\alpha=\beta=\gamma=90.000°$
LiH$_6$	$R\bar{3}m$	$a=b=c=0.2569$ nm $\alpha=\beta=\gamma=74.987°$	$a=b=c=0.2589$ nm $\alpha=\beta=\gamma=75.084°$
LiH$_7$	$P\bar{1}$	$a=0.3111$ nm $b=0.3127$ nm $c=0.4352$ nm $\alpha=94.804°$ $\beta=73.305°$ $\gamma=118.896°$	$a=0.3124$ nm $b=0.3158$ nm $c=0.4418$ nm $\alpha=94.981°$ $\beta=72.895°$ $\gamma=118.583°$
LiH$_8$	$I422$	$a=b=c=0.2959$ nm $\alpha=103.758°$ $\beta=\gamma=112.729°$	$a=b=c=0.2967$ nm $\alpha=103.669°$ $\beta=\gamma=112.448°$
LiH$_9$	$Cmc2_1$	$a=b=0.3256$ nm $c=0.4649$ nm $\alpha=\beta=90.000°$ $\gamma=118.887°$	$a=b=0.3291$ nm $c=0.4694$ nm $\alpha=\beta=90.000°$ $\gamma=118.858°$
LiH$_{10}$	$C2/c$	$a=b=0.3065$ nm $c=0.6830$ nm $\alpha=\beta=119.029°$ $\gamma=60.443°$	$a=b=0.3071$ nm $c=0.6985$ nm $\alpha=\beta=118.986°$ $\gamma=61.347°$

4.3 结果与讨论

值得注意的是，vdW-DF 泛函[13]虽然大大地改变了 LiH_2、LiH_6 和 LiH_8 的相对稳定性，但是它们用 vdW-DF 泛函优化出来的结构和 PBE 计算得到的结构[4]有相同的对称群。表 4-3 所示为它们的详细结构信息。另外，需要强调的是，这是第 1 次在富氢化锂中得到了基态的 LiH_9 和 LiH_{10} 相。LiH_9 有 3 个不同的结构，每个晶胞中含有 2 个分子式：第 1 个相（对称群为 $Cmc2_1$）稳定在 150~196 GPa，第 2 个相（对称群为 Cc）保持稳定到 223 GPa，当超过这个压强时，LiH_9 相变为第 3 个相（对称群为 $P\bar{1}$）。LiH_{10} 是以 $C2/c$ 对称群稳定存在的，每个晶胞中含有 2 个分子式。为了检验 LiH_n 化合物的动力学稳定性，我们采用第一性原理准简谐近似计算了它们的晶格动力学。结果发现我们预测的比例中焓值最低的结构都没有虚频，除了不稳定的 LiH_{11}。这表明我们预测的结构是稳定的，或者至少是亚稳的，可能在实验中会观察到。

表 4-3　$LiH_n(n=2,6\sim10)$ 中采用 vdW-DF 泛函计算的晶胞的详细结构信息

物质	压强/GPa	对称群	晶格常数	原子坐标
LiH_2	150	$P4/mbm$	$a=b=0.4115$ nm $c=0.1967$ nm $\alpha=\beta=\gamma=90.000°$	H1(4e)　0.0000　0.0000　0.3135 H2(4g)　0.8509　0.6490　0.0000 Li(4h)　0.8453　0.3453　0.5000
LiH_6	150	$R\bar{3}m$	$a=b=c=0.2589$ nm $\alpha=\beta=\gamma=75.084°$	H(6h)　-0.9334　-0.4253　-0.4253 Li(1a)　0.0000　0.0000　0.0000
LiH_7	150	$P\bar{1}$	$a=0.3124$ nm $b=0.3158$ nm $c=0.4418$ nm $\alpha=94.981°$ $\beta=72.895°$ $\gamma=118.583°$	H1(2i)　0.9235　0.9800　0.1552 H2(2i)　0.6086　0.8858　0.5884 H3(2i)　0.5268　0.2110　0.0204 H4(2i)　0.1560　0.9059　0.3791 H5(2i)　0.1422　0.8383　0.7611 H6(2i)　0.2505　0.5634　0.9683 H7(2i)　0.8387　0.5295　0.3380 Li(2i)　0.3632　0.5472　0.3041
LiH_7	200	$P\bar{1}$	$a=0.3039$ nm $b=0.3070$ nm $c=0.4285$ nm $\alpha=108.962°$ $\beta=107.153°$ $\gamma=60.606°$	H1(2i)　0.9841　0.7061　0.3294 H2(2i)　0.5776　0.0313　0.2073 H3(2i)　0.9281　0.3057　0.9681 H4(2i)　0.3044　0.7103　0.0293 H5(2i)　0.5817　0.7192　0.3818 H6(2i)　0.6419　0.2946　0.5770 H7(2i)　0.3757　0.2700　0.1670 Li(2i)　0.9822　0.8142　0.6934

续表4-3

物质	压强/GPa	对称群	晶格常数	原子坐标		
LiH$_8$	150	$I422$	$a = b = 0.3299$ nm $c = 0.3666$ nm $\alpha = \beta = \gamma = 90.000°$	H(16k)　0.3739 Li(2b)　0.0000	-0.2095 0.0000	0.3428 0.5000
LiH$_9$	150	$Cmc2_1$	$a = 0.3347$ nm $b = 0.5667$ nm $c = 0.4694$ nm $\alpha = \beta = \gamma = 90.000°$	H1(8b)　0.7598 H2(8b)　0.7672 H3(8b)　0.6074 H4(4a)　0.5000 H5(4a)　0.5000 H6(4a)　0.5000 Li(4a)　0.5000	-0.1614 0.0354 -0.3272 0.4048 0.1616 0.2884 0.0567	-0.9082 -0.4436 -0.1152 -0.2709 -0.0025 -0.2001 -0.7061
LiH$_9$	190	Cc	$a = 0.3184$ nm $b = 0.5572$ nm $c = 0.5575$ nm $\alpha = \gamma = 90.000°$ $\beta = 125.202°$	H1(4a)　-0.9718 H2(4a)　-0.6324 H3(4a)　-0.8940 H4(4a)　-0.1027 H5(4a)　-0.3311 H6(4a)　-0.6188 H7(4a)　-0.3479 H8(4a)　-0.0176 H9(4a)　-0.4028 Li(4a)　-0.4686	-0.1325 0.0649 -0.0832 0.0668 -0.1160 0.1176 -0.0920 0.1592 -0.1954 -0.1989	-0.7764 -0.8454 -0.6365 -0.9548 -0.4712 -0.5526 -0.2285 -0.5298 -0.0159 -0.7592
LiH$_9$	210	$P\bar{1}$	$a = 0.2909$ nm $b = 0.2989$ nm $c = 0.5206$ nm $\alpha = 102.937°$ $\beta = 92.369°$ $\gamma = 117.981°$	H1(2i)　0.3962 H2(2i)　0.5314 H3(2i)　0.4394 H4(2i)　0.8424 H5(2i)　0.0974 H6(2i)　0.2801 H7(2i)　0.7381 H8(2i)　0.3677 H9(2i)　0.9470 Li(2i)　0.9476	0.8838 0.9452 0.5192 0.5005 0.5533 0.3564 0.4298 0.1471 0.1022 0.0158	0.6905 0.1630 0.8493 0.7664 0.3769 0.5682 0.0595 0.5268 0.0237 0.7281

续表 4-3

物质	压强/GPa	对称群	晶格常数	原子坐标		
LiH$_{10}$	150	$C2/c$	$a = 0.5283$ nm $b = 0.3134$ nm $c = 0.6985$ nm $\alpha = \gamma = 90.000°$ $\beta = 124.293°$	H1(8f) H2(8f) H3(8f) H4(8f) H5(8f) Li(4e)	-0.9514 -0.9087 -0.8215 -0.8032 -0.2397 -0.5000	-0.7058 -0.2054 -0.8986 -0.7294 -0.9585 -0.8537	-1.5528 -1.1327 -1.3448 -0.9774 -0.2811 -0.7500

图 4-5 所示为我们预测的稳定相和亚稳相的结构图，它们分别由以下 3 种情况构成：(1) Li$^+$ 和 H$_2$；(2) Li$^+$、H$_2$ 和 H$^-$；(3) Li$^+$、H$_2$ 和反对称的 H$_3^-$ 团簇。前两种在以前 PBE 方法预测的富氢化锂如 LiH$_2$、LiH$_6$ 和 LiH$_8$ 中都已出现过，我们这次发现 LiH$_7$ 和 LiH$_9$ 中有不对称的 H$_3^-$ 团簇。以上这些和新合成的 NaH$_3$ 和 NaH$_7$ 的情况类似，前者包含 H$_2$，后者也有不对称的 H$_3^-$ 团簇。而且计算表明 LiH$_7$ 和 LiH$_9$ 都是绝缘的，和实验观察到的 LiH$_n$ 的绝缘特征一致[3]。在 LiH$_n$ 中发现 H$_3^-$ 团簇是非常让人惊讶的，因为 HOOPER 等人[33-35]认为 H$_3^-$ 团簇是不会出现在 LiH$_n$ 中的，而只在重的碱金属富氢化物中普遍存在。如图 4-1 所示，与 PBE 泛函相比，vdW-DF 泛函使 LiH$_7$ 和 LiH$_9$ 的相更接近凸包，LiH$_9$ 正好在凸包上。对富锂氢化物[36]和重的碱金属富氢化物[37-38]，范德瓦尔斯作用可能会改变它们的相对稳定性。基于这个猜测，我们也用 vdW-DF 泛函重新计算了 Li$_n$H($n = 3 \sim 9$) 在 90 GPa 时和 NaH$_x$($x = 3, 6 \sim 12$) 分别在 50 GPa、100 GPa 和 300 GPa 时的形成焓，如图 4-6 和图 4-7 所示。从图 4-6 中很明显地看出 vdW-DF 会减少 Li$_5$H 的形成焓，但是没有改变其相对稳定性。从图 4-7 中可以看出，范德瓦尔斯作用在高压下的影响非常大，但它仍和 PBE 方法一样可以保持 NaH$_x$ 结构的相对稳定性。研究发现 vdW-DF 泛函对 NaH$_x$ 的修正比在 LiH$_n$ 中的小得多，而且与 PBE 计算的结果相比，它们的相对稳定性保持不变。这很可能是由于 Na 和 H 之间有更强的库仑作用，因为 Na 相对于 Li 有更低的亲和势和更大的离子半径[37]。在富氢化锂中，范德瓦尔斯作用支持含氢量高的化合物形成 H$_3^-$ 团簇。但是，更高的压缩最终会使 LiH$_7$ 和 LiH$_9$ 变成只含有 H$_2$ 单元的化合物，表明 H$_3^-$ 团簇稳定存在的压强范围很小。换句话说，在这个压强范围内的 LiH$_n$，Li$^+$ 贡献的电荷不足以离解所有的 H$_2$ 单元，范德瓦尔斯作用会使电子局域到一些 H 原子上形成 H$^-$，或者和 H$_2$ 单元形成 H$_3^{8-}$，由此增加的 H$_2$…H$^-$ 作用会促使 H$_3^-$ 团簇的形成。然而，在高压下，这些转移的电子会变得更离域和在整个晶胞中扩散（变成金属的），因此会减缓 H$_2$ 的离解，而不容易形成 H$_3^-$ 团簇。这个机制和在重的碱金属富氢化物中 H$_3^-$ 形成的机制是不一样的。尽管它们中 H$_3^-$ 团簇的出现都是由多中心键引

起的，但是前者是由 H^- 和 H_2 之间增强的范德瓦尔斯作用引起的，而后者被认为是由阳离子的软化引起的[33-35]。

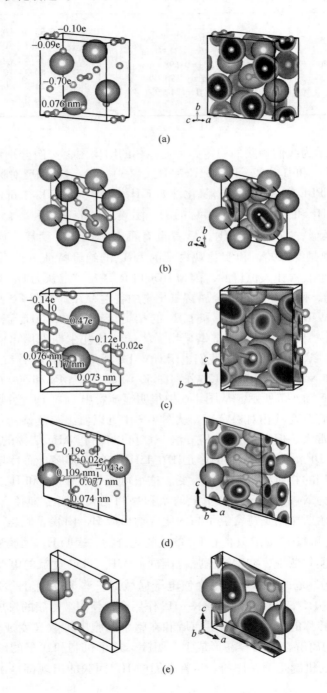

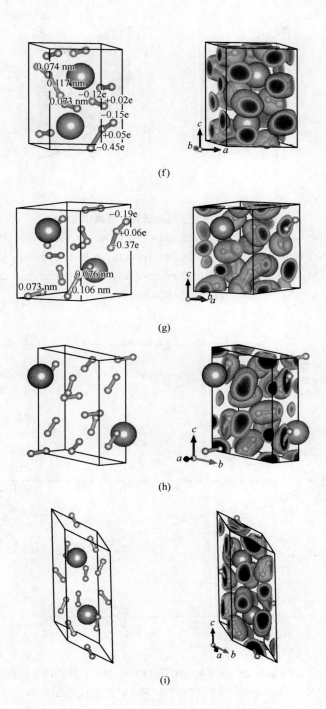

(f)

(g)

(h)

(i)

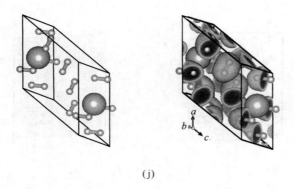

(j)

图 4-5 结构和电子局域函数（等值面 = 0.5）

(a) $LiH_2(P4/mbm, 150\ GPa)$；(b) $LiH_6(R\bar{3}m, 150\ GPa)$；(c) $LiH_7(P\bar{1}(1), 150\ GPa)$；
(d) $LiH_7(P\bar{1}(2), 200\ GPa)$；(e) $LiH_8(I422, 150\ GPa)$；(f) $LiH_9(Cmc2_1, 150\ GPa)$；
(g) $LiH_9(Cc, 190\ GPa)$；(h) $LiH_9(P\bar{1}, 210\ GPa)$；(i) $LiH_{10}(C2/c, 200\ GPa)$；
(j) $LiH_{16}(I4_2m, 150\ GPa)$

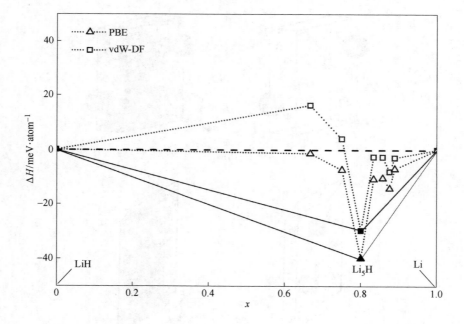

图 4-6 采用 vdW-DF 和 PBE 泛函计算的 90 GPa 下 HOOPER 等报道的
$Li_nH(n = 3 \sim 9)$ 相对于 Li 和 LiH 的形成焓 ΔH

（横坐标 x 是结构中 H_2 的占比，位于凸包（实线）的实心符号表示稳定的比例）

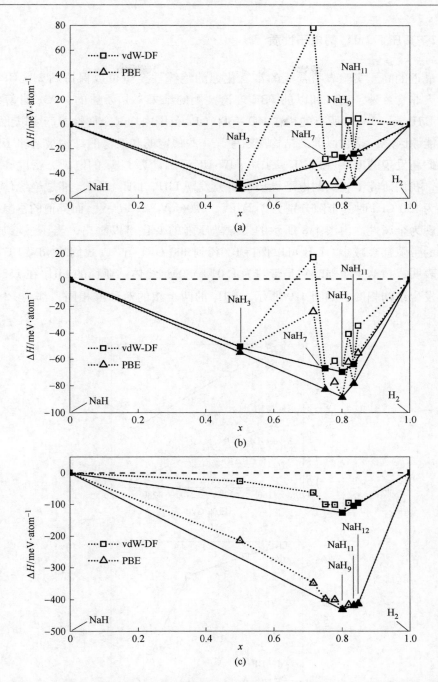

图 4-7 采用 vdW-DF 和 PBE 泛函计算的 $NaH_x(x=3,6\sim12)$ 相对于 NaH 和 H_2 的形成焓
（横坐标 x 是结构中 H_2 的占比，位于凸包（实线）的实心符号表示稳定的比例）
(a) 50 GPa; (b) 100 GPa; (c) 300 GPa

4.3.2 高压下 LiH_n 的电子性质

最近的高压实验表明合成的富氢化锂的绝缘性至少可以保持到 215 GPa[3]。这让人非常意外,而且和以前 PBE 理论预测的结果[4]是矛盾的。PBE 计算结果表明 LiH_n($n=2\sim8$) 所有的相在 100~300 GPa 范围内均显金属性。产生以上偏差的可能原因之一是在以前的结构搜索中,一些稳定的和亚稳的结构被忽略了,正如我们新发现的 LiH_7 和 LiH_9。采用 vdW-DF 泛函计算 LiH_n 的电子态密度和能带结构,我们研究了它们的电子性质。研究发现 LiH、LiH_7、LiH_9 都是绝缘体,在压强为 150 GPa 时其带隙分别为 2.21 eV、1.06 eV、2.14 eV,而其他的富氢化锂均表现为金属性。由图 4-8 所示的带隙随压强的变化可以看出,当压强增加时,它们的带隙都会减小。LiH 可以保持 B1 相到 300 GPa[39-40],我们的 vdW-DF 计算结果表明,在这个压强时它是带隙为 1.01 eV 的绝缘体。亚稳的 LiH_7 在 158 GPa 时会发生结构相变,如图 4-9 所示,LiH_7 的两个相的对称群相同,都为 $P\bar{1}$。在

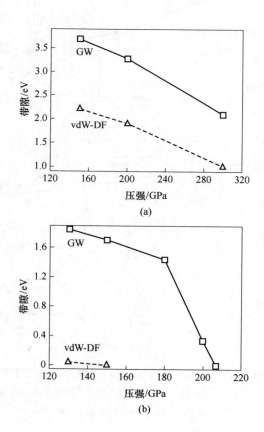

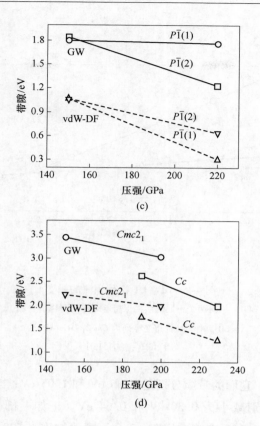

图 4-8 采用 GW 方法（实线）和 vdW-DF（虚线）泛函计算的带隙

(a) LiH($Fm\bar{3}m$); (b) LiH$_2$($P4/mbm$); (c) LiH$_7$($P\bar{1}(1)$ 和 $P\bar{1}(2)$);
(d) LiH$_9$($Cmc2_1$ 和 Cc)

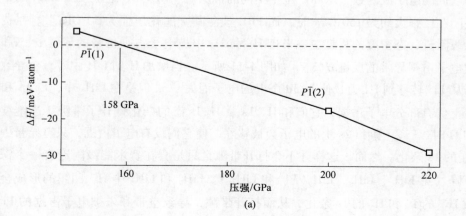

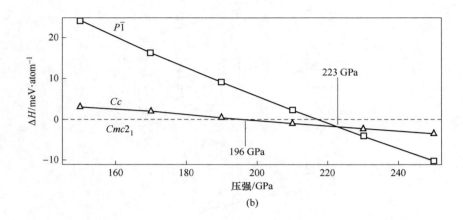

图 4-9 vdW-DF 泛函预测的相变

(LiH$_7$ 中有两个不同的结构保持着同样的对称群($P\bar{1}$),

LiH$_9$ 中的结构相变序列为 $Cmc2_1 \to Cc \to P\bar{1}$)

(a) LiH$_7$; (b) LiH$_9$

压强为 150 GPa 时,它们的带隙分别是 1.06 eV 和 1.05 eV;当压强变为 220 GPa 时,它们的带隙分别减小为 0.30 eV 和 0.64 eV。正如上部分提到的,LiH$_9$ 在 150~230 GPa 范围内有 2 次结构相变、3 个不同的结构。前 2 个结构一直到至少 220 GPa 都是绝缘的,第 3 个结构是显金属性的。

需要注意的是,vdW-DF 和 PBE 泛函会产生不同的能带结构和态密度(如图 4-10 所示,以 LiH$_2$ 为例,其他 LiH$_n$ 的情况类似于 LiH$_2$),这是由于键长会影响它们的电子波函数,从而产生了不同的带隙值。vdW-DF 泛函预测 LiH$_2$ 的带隙关闭在压强大约为 150 GPa 时,而 PBE 预测其金属化压强为 50 GPa[4]。在费米能级附近,态密度的贡献主要来自 H$^-$ 和 H$_2$ 中被电子占据价带的成键 σ 态和未被电子占据导带的反键 σ^* 态,如图 4-11 所示。当增加 H 到 LiH 中时,会导致电子从 Li$^+$ 转移到 H$_2$ 上,使 Li 3d 态上的电子消失[39]。但是在 LiH$_2$ 中,Li 2p 和 2s 态上仍有部分电子占据,它们和 H$^-$ 1s 及 H$_2$ 1s 态的杂化打开了带隙。当继续增加 H 时,Li 2p 和 Li 2s 上的电子会被移除,使它们没有电子占据,只有导带中和 H$_2$ 的 1s 杂化。然而,这样并不会打开带隙,只是会在费米能级附近有一个深的下降(见 LiH$_6$、LiH$_8$、LiH$_9$($P\bar{1}$)和 LiH$_{10}$)。LiH$_7$ 和 LiH$_9$ 中 H$_3^-$ 团簇的形成会导致 H$_3^-$ 的 1s 和 H$_2$ 的 1s 杂化,从而打开带隙,导致空带和未被电子占据的 Li 的

2p 和 H$_2$ 的 2p 态杂化。在含氢量较高的富氢化锂中，H$_3^-$ 团簇的出现对其打开带隙和变成绝缘体起着关键作用，因此，合成的 LiH$_n$ 中的大部分一定是 LiH$_7$ 或 LiH$_9$。实际上，PBE 和 vdW-DF 泛函都会低估带隙。为了精确地得到带隙，本书采用全电子 GW 近似[41-44]计算了带隙随压强的变化关系，其中 vdW-DF 的波函数和本征值被用作了 GW 计算的初始猜测（vdW-DF + GW）。如图 4-8 所示，与 GW 方法的结果进行对比后发现，vdW-DF 泛函计算低估了 LiH、LiH$_2$、LiH$_7$ 和 LiH$_9$ 的带隙，其低估的值为 0.80～1.65 eV。此外，vdW-DF + GW 预测 LiH$_2$ 的金属化压强为 208 GPa，比 PBE + GW 计算的 50 GPa[45]高得多，表明范德瓦尔斯作用对 GW 计算产生了合适的初始波函数。vdW-DF + GW 计算发现，一直到至少 200 GPa 时，LiH、LiH$_2$、LiH$_7$ 和 LiH$_9$ 都是绝缘的。这个结果和最近实验观测到的合成的富氢化锂的性质[3]是一致的，而且表明绝缘的 LiH$_n$（$n>2$）一定会含有 H$_3^-$ 团簇。

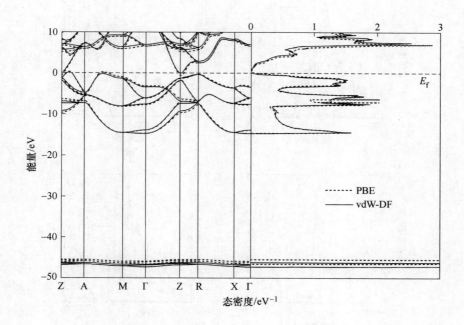

图 4-10　采用 vdW-DF 泛函（蓝色实线）和 PBE 泛函（红色虚线）
计算的 LiH$_2$ 在 150 GPa 时各自优化结构的能带和态密度

（水平虚线表示费米能级）

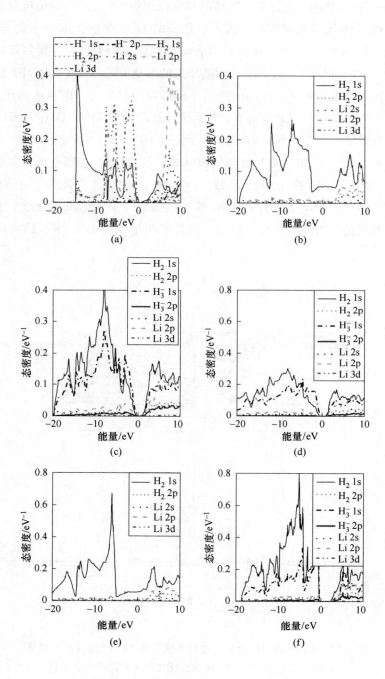

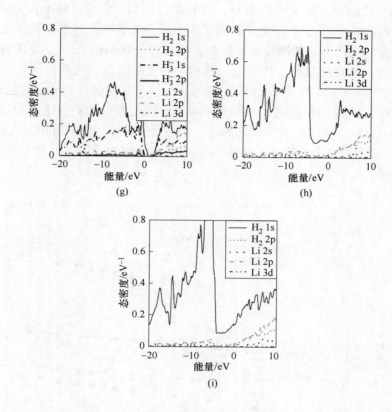

图 4-11 采用 vdW-DF 泛函计算的总的态密度和分波态密度
(费米能级是在零的位置)

(a) LiH$_2$($P4/mbm$,150 GPa); (b) LiH$_6$($R\bar{3}m$,150 GPa); (c) LiH$_7$($P\bar{1}(1)$,150 GPa);
(d) LiH$_7$($P\bar{1}(2)$,200 GPa); (e) LiH$_8$($I422$,150 GPa); (f) LiH$_9$($Cmc2_1$,150 GPa);
(g) LiH$_9$(Cc,190 GPa); (h) LiH$_9$($P\bar{1}$,210 GPa); (i) LiH$_{10}$($C2/c$,150 GPa)

4.3.3 高压下 LiH、LiH$_2$、LiH$_7$ 和 LiH$_9$ 的振动频率

与以前 PBE 计算的 LiH$_n$(n = 2 ~ 8)的振动频率[4]对比发现，LiH$_2$ 和 LiH$_6$ 的振动频率与实验上红外光谱观测到的[3]大体上一致。但是 PBE 不能很好地描述它们的结构和能量，而且这两个相都是显金属性的，和实验上观测到的 215 GPa 一直是绝缘的情况[3]是完全不符合的。基于我们预测的 LiH$_n$(n = 2 ~ 11,13)的稳定和亚稳的绝缘相是 LiH($Fm\bar{3}m$)、LiH$_2$(P_4/mbm)、LiH$_7$($P\bar{1}(2)$) 和 LiH$_9$($Cmc2_1$ 和 Cc)，采用 vdW-DF 泛函计算了它们的振动频率，发现和实验测得的红外数据一致；为了进行对比，还计算了显金属性的 LiH$_6$($R\bar{3}m$)、LiH$_8$($I422$) 和 LiH$_{10}$

($C2/c$)的振动频率。如图 4-12 所示,计算的关于 LiH 的振动频率和实验观测的 LO-TO 模式的频率[46]是一致的,表明了本书所用方法的合理性;同时也表明更高频率的振动模式一定来自其他比例的富氢化物。对 LiH_2 来说,它的红外振动频率和实验 ν_3 模式的数据大体上是一致的。在考虑的整个压强范围内,LiH_7 和 LiH_9($Cmc2_1$)的振动频率比 LiH_2 的要稍微大一些。实验观察到 ν_3 模式的数据可以很好地被 LiH_9(Cc)结构的振动频率来解释,但是我们预测的绝缘相没有和实验观测的 ν_1 和 ν_2 模式数据符合的频率。对显金属性的 LiH_6、LiH_8 和 LiH_{10} 相,vdW-DF 泛函预测的振动频率不仅比实验 ν_1 和 ν_2 模式的大得多,而且比 ν_3 模式的值小得多。

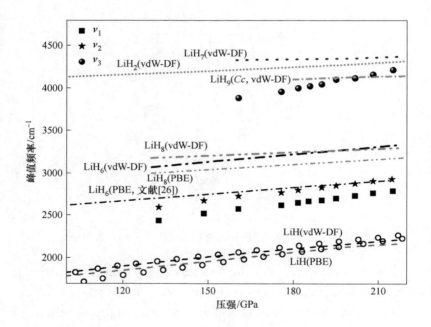

图 4-12 采用 vdW-DF 和 PBE 泛函计算的绝缘相 LiH($Fm\bar{3}m$)、LiH_2($P4/mbm$)、LiH_7[$P\bar{1}(2)$]和 LiH_9(Cc),以及金属相 LiH_6($R\bar{3}m$)和 LiH_8($I422$)的振动频率

(实验的振动频率 ν_1、ν_2 和 ν_3 来自参考文献 [3]。文献 [46] 报道的 LiH 横向和纵向(LO-TO)光学模式(空心圆)也被列出)

需要强调的是,以前的文献报道固态 H_2 的振动频率($P6_3/m$ 和 $C2/c$)会随着压强增大而减小[47],而且高频区域($>3500\ cm^{-1}$)对交换关联泛函的选择很依赖[48]。为了研究交换关联泛函对 LiH_n 振动频率的影响,我们也用 PBE 方法计算了上部分提到的富氢化锂的振动频率。研究发现,与 vdW-DF 泛函相比,PBE 方法会使振动频率降低约 $500\ cm^{-1}$(LiH_2)、$380\ cm^{-1}$(LiH_6)、$310\ cm^{-1}$(LiH_7)、

180 cm^{-1}(LiH$_8$)、350 cm^{-1}(LiH$_9$) 和 240 cm^{-1}(LiH$_{10}$)。所有的这些结构都包含 H$_2$ 单元和 H$_3^-$ 团簇。而对于 LiH,其没有 H$_2$ 和 H$_3^-$,所以 PBE 预测的结果和 vdW-DF 泛函预测的几乎一样(见图 4-12 和图 4-13)。从这些结果中可以明显看到,范德瓦耳斯作用使 LiH$_6$ 的振动频率和实验数据不吻合。此外,需要注意的是,非谐振动和有限温度效应也会使固态 H$_2$ 的振动频率浮动几百 cm^{-1}。该修正数据与 LiH$_6$ 和 LiH$_8$ 对实验 ν_1 和 ν_2 偏差的数据在同一个量级上,因此这两个模式可能会包含亚稳定的 LiH$_6$ 和 LiH$_8$ 的贡献。然而,它们的含量一定非常小,对反应样品整体透明性的影响可以忽略不计。另一种可能性是实验观察到的 ν_1 和 ν_2 的红外振动频率可能来源于碳的影响(即金刚石)。基于以上 vdW-DF 泛函预测的绝缘性和振动频率,最近实验中合成的富氢化锂可能是 LiH$_2$、LiH$_9$ 或亚稳定的 LiH$_7$,其中是 LiH$_9$ 的可能性最高。

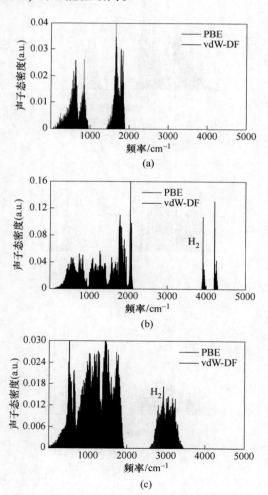

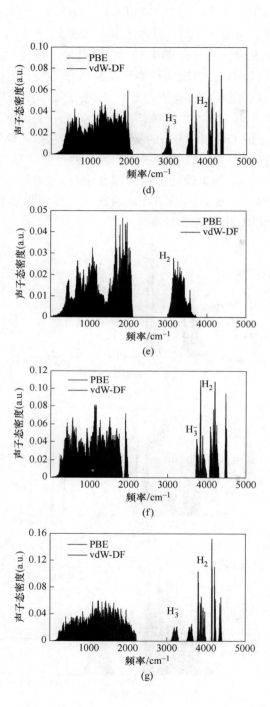

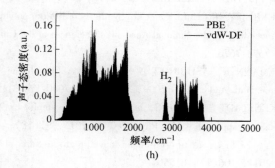

图 4-13 采用 PBE 泛函（红色）和 vdW-DF 泛函（蓝色）计算的声子态密度
（在低频区（<2500 cm⁻¹），两种泛函产生的低频声子谱相同；在高频区（>2500 cm⁻¹），
振动频率和交换关联泛函的选择有非常密切的关系）
(a) $LiH(Fm\bar{3}m,100\ GPa)$; (b) $LiH_2(P4/mbm,150\ GPa)$; (c) $LiH_6(R\bar{3}m,150\ GPa)$;
(d) $LiH_7(P\bar{1}(2),180\ GPa)$; (e) $LiH_8(I422,220\ GPa)$; (f) $LiH_9(Cmc2_1,150\ GPa)$;
(g) $LiH_9(Cc,200\ GPa)$; (h) $LiH_{10}(C2/c,150\ GPa)$

4.4 本章小结

我们采用 vdW-DF 泛函考察范德瓦耳斯作用，结合粒子群算法研究了高压下 $LiH_n(n=2\sim11,13)$ 的相稳定性。研究发现范德瓦耳斯作用大大地改变了富氢化锂的相对稳定性：在 130~170 GPa 时，LiH_2 和 LiH_9 稳定；在 180~200 GPa 时，除稳定的 LiH_2 外，LiH_8 和 LiH_{10} 也会变得稳定。最重要的是，我们发现除了 LiH，富氢化物如 LiH_2、LiH_7 和 LiH_9 的绝缘性也至少可以保持到 200 GPa。虽然这些和 PBE 预测的 LiH_2、LiH_6 和 LiH_8 的金属性行为具有鲜明的对比性，但是它们和最近的实验结果符合得很好。此外，这些绝缘相的振动频率和实验观测的红外数据也是吻合的，表明 LiH_9 可能是实验合成的富氢化物，亚稳定的 LiH_6 和 LiH_8 的含量很小。我们的计算完全修正了富氢化锂的相稳定性，而且使它们的电子性质和振动性质均比以前理论预测的数据与实验的结果吻合得好。

参 考 文 献

[1] HOWIE R T, NARYGINA O, GUILLAUME C L, et al. High-pressure synthesis of lithium hydride [J]. Phys. Rev. B, 2012, 86(6): 064108.

[2] KUNO K, MATSUOKA T, NAKAGAWA T, et al. Heating of Li in hydrogen: Possible

synthesis of LiH$_x$ [J]. High Pressure Research, 2015, 35(1): 16-21.

[3] PÉPIN C, LOUBEYRE P, OCCELLI F, et al. Synthesis of lithium polyhydrides above 130 GPa at 300 K [J]. Proceedings of the National Academy of Sciences of the United States of America, 2015, 112(25): 7673-7676.

[4] ZUREK E, HOFFMANN R, ASHCROFT N W, et al. A little bit of lithium does a lot for hydrogen [J]. Proc. Natl. Acad. Sci., 2009, 106(42): 17640-17643.

[5] MEHL M J, FINKENSTADT D, DANE C, et al. Finding the stable structures of N$_{1-x}$W$_x$ with an ab initio high-throughput approach [J]. Phys. Rev. B, 2015, 91(18): 184110.

[6] LYU J, WANG Y, ZHU L, et al. Predicted novel high-pressure phases of lithium [J]. Phys. Rev. Lett., 2011, 106(1): 015503.

[7] GENG H Y, HOFFMANN R, WU Q. Lattice stability and high pressure melting mechanism of dense hydrogen up to 1.5 TPa [J]. Phys. Rev. B, 2015, 92(10): 104103.

[8] LI Y, WANG Y, PICKARD C J, et al. Metallic icosahedron phase of sodium at terapascal pressures [J]. Phys. Rev. Lett., 2015, 114(12): 125501.

[9] GENG H Y, WU Q. Predicted reentrant melting of dense hydrogen at ultra-high pressures [J]. Sci. Rep., 2016, 6(1): 36745.

[10] MCMINIS J, CLAY R C, LEE D, et al. Molecular to atomic phase transition in hydrogen under high pressure [J]. Phys. Rev. Lett., 2015, 114(10): 105305.

[11] WANG Y, LYU J, LI Z, et al. Calypso: A method for crystal structure prediction [J]. Comput. Phys. Commun., 2012, 183(10): 2063-2070.

[12] WANG Y, LYU J, ZHU L, et al. Crystal structure prediction via particle swarm optimization [J]. Physics, 2010, 82(9): 7174-7182.

[13] DION M, RYDBERG H, SCHRÖDER E, et al. Van der waals density functional for general geometries [J]. Phys. Rev. Lett., 2004, 92(24): 246401.

[14] WANG Z, WANG H, TSE J S, et al. Stabilization of H^{3+} in the high pressure crystalline structure of H$_n$Cl ($n=2\sim7$)[J]. Chem. Sci., 2014, 6(1): 522-526.

[15] YAN X Z, CHEN Y M, KUANG X Y, et al. Structure, stability, and superconductivity of new Xe-H compounds under high pressure [J]. J. Chem. Phys., 2015, 143(12): 124310.

[16] GAO G, OGANOV A R, LI P, et al. High-pressure crystal structures and superconductivity of stannane (SnH$_4$)[J]. Proc. Natl. Acad. Sci. USA, 2010, 107(107): 1317-1320.

[17] GAO G, OGANOV A R, MA Y, et al. Dissociation of methane under high pressure [J]. J. Chem. Phys., 2010, 133(14): 144508.

[18] ZHANG S, WANG Y, ZHANG J, et al. Phase diagram and high-temperature superconductivity of compressed selenium hydrides [J]. Sci. Rep., 2015, 5(3): 1-6.

[19] LI Y W, HAO J, LIU H Y, et al. Pressure-stabilized superconductive yttrium hydrides [J]. Sci. Rep., 2015(5): 9948.

[20] HERMANN A, SCHWERDTFEGER P. Xenon suboxides stable under pressure [J]. Journal of Physical Chemistry Letters, 2014, 5(24): 4336.

[21] PENG F, YAO Y S, LIU H Y, et al. Crystalline LiN$_5$ predicted from first-principles as a

possible high-energy material [J]. Journal of Physical Chemistry Letters, 2015, 6(12): 2363-2366.

[22] SHAMP A, ZUREK E. Superconducting high-pressure phases composed of hydrogen and iodine [J]. Journal of Physical Chemistry Letters, 2015, 6(20): 4067-4072.

[23] LIU H, NAUMOV I I, HEMLEY R J. Dense hydrocarbon structures at megabar pressures [J]. Journal of Physical Chemistry Letters, 2016, 7(20): 4218-4222.

[24] YAN X, CHEN Y, XIANG S, et al. High-temperature-and high-pressure-induced formation of the laves-phase compound XeS_2 [J]. Phys. Rev. B, 2016, 93(21): 214112.

[25] KRESSE G, FURTHMÜLLER J. Efficient iterative schemes for ab initio total-energy calculations using a plane-wave basis set [J]. Phys. Rev. B, 1996, 54(16): 11169.

[26] BADER R F W. Atoms in molecules [J]. Accounts of Chemical Research, 1985, 18(1): 9-15.

[27] TANG W, SANVILLE E, HENKELMAN G. A grid-based bader analysis algorithm without lattice bias [J]. Journal of Physics Condensed Matter an Institute of Physics Journal, 2009, 21(8): 084204.

[28] HENKELMAN G, ARNALDSSON A, JÓNSSON H. A fast and robust algorithm for Bader decomposition of charge density [J]. Comp. Mater. Sci. , 2006, 36(3): 354-360.

[29] TOGO A, OBA F, TANAKA I. First-principles calculations of the ferroelastic transition between rutile-type and $CaCl_2$-type SiO_2 at high pressures [J]. Phys. Rev. B, 2008, 78(13): 134106.

[30] PICKARD C J, NEEDS R J. Ab initio random structure searching [J]. Journal of Physics: Condensed Matter, 2011, 23(5): 053201.

[31] LOUBEYRE P, TOULLEC R L, HANFLAND M, et al. Equation of State of ^{7}LiH and ^{7}LiD from X-Ray Diffraction to 94 GPa [J]. Physics Review B, 1998, 57: 10403.

[32] PICKARD C J, NEEDS R J. Structure of phase III of solid hydrogen [J]. Nature Physics, 2007, 3(7): 473-476.

[33] HOOPER J, ZUREK E. High pressure potassium polyhydrides: A chemical perspective [J]. J. Phys. Chem. C, 2012, 116(24): 13322-13328.

[34] HOOPER J, ZUREK E. Rubidium polyhydrides under pressure: emergence of the linear H_3^- species [J]. Chemistry—A European Journal, 2012, 18(16): 5013-5021.

[35] SHAMP A, HOOPER J, ZUREK E. Compressed cesium polyhydrides: Cs^+ sublattices and H_3^- three-connected nets [J]. Inorg. Chem. , 2012, 51(17): 9333-9342.

[36] HOOPER J, ZUREK E. Lithium subhydrides under pressure and their superatom-like building blocks [J]. ChemPlusChem, 2012, 77(11): 969-972.

[37] BAETTIG P, ZUREK E. Pressure-stabilized sodium polyhydrides: NaH_n ($n>1$) [J]. Phys. Rev. Lett. , 2011, 106(23): 237002.

[38] STRUZHKIN V V, KIM D Y, STAVROU E, et al. Synthesis of sodium polyhydrides at high pressures [J]. Nat. Commun. , 2016, 7(1): 12267.

[39] CHEN Y M, CHEN X R, WU Q, et al. Compression and phase diagram of lithium hydrides at

elevated pressures and temperatures by first-principles calculations [J]. Journal of Physics D: Applied Physics, 2016, 49(35): 355305.

[40] LEBÈGUE S, ALOUANI M, ARNAUD B, et al. Pressure-induced simultaneous metal-insulator and structural-phase transitions in LiH: A quasiparticle study [J]. EPL (Europhysics Letters), 2003, 63(4): 562.

[41] SHISHKIN M, MARSMAN M, KRESSE G. Accurate quasiparticle spectra from self-consistent GW calculations with vertex corrections [J]. Phys. Rev. Lett., 2007, 99(24): 246403.

[42] GRUMET M, LIU P T, KALTAK M, et al. Self-consistent GW calculations for semiconductors and insulators [J]. Phys. Rev. B, 2007, 75(23): 235102.

[43] FUCHS F, FURTHMÜLLER J, BECHSTEDT F, et al. Quasiparticle band structure based on a generalized Kohn-Sham scheme [J]. Phys. Rev. B, 2007, 76(11): 115109.

[44] SHISHKIN M, KRESSE G. Implementation and performance of the frequency-dependent GW method within the PAW framework [J]. Phys. Rev. B, 2006, 74(3): 5101.

[45] XIE Y, LI Q, OGANOV A R, et al. Superconductivity of lithium-doped hydrogen under high pressure [J]. Acta Crystallographica Section C: Structural Chemistry, 2014, 70 (2): 104-111.

[46] LAZICKI A, LOUBEYRE P, OCCELLI F, et al. Static compression of LiH to 250 GPa [J]. Phys. Rev. B, 2012, 85(5): 054103.

[47] SINGH R, AZADI S, KÜHNE T D. Anharmonicity and finite-temperature effects on the structure, stability, and vibrational spectrum of phase III of solid molecular hydrogen [J]. Phys. Rev. B, 2014, 90(1): 014110.

[48] AZADI S, FOULKES W. Fate of density functional theory in the study of high-pressure solid hydrogen [J]. Phys. Rev. B, 2013, 88(1): 014115.

5 高压下碱金属锂和钠之间的新奇绝缘相化合物

5.1 概 述

为了更好地理解简单几何晶格中 s 电子之间的物理相互作用，碱金属的研究受到广泛重视。在常温常压下碱金属都结晶成高对称的体心立方（bcc）相，且最外层只有一个价电子（s 电子）。由于价电子和离子实的相互作用很弱，因此它们的电子结构可以被近自由电子模型很好地描述。实验和理论均表明，在高温和高压下碱金属的晶体结构和电子性质已经完全不同于其基态情形了：简单金属变得不再简单，而且呈现出一系列的复杂结构和奇异的电子性质如反常的熔化行为、费米面嵌套、超导和金属性减弱甚至变成绝缘体等。

根据传统的 Miedema 和 Hume-Rothery 规则，如果两种元素的原子半径相差很大而电负性相差却很小，则它们很难发生化学反应而结合成化合物[1]。在常温常压下，Li 的离子半径与其他碱金属的相差甚远，因此 Li 被认为不能与其他碱金属结合形成金属间化合物。理论计算[2]表明，Li 的碱金属间化合物（Li-Na、Li-K、Li-Rb 和 Li-Cs）的形成焓都是正值，并且随着原子半径差异的增大，其形成焓也急剧增大，呈现出明显的相分离现象。然而在高压下，这种情况得到了明显的改变。ZHANG 等人[2]通过理论计算发现，在压强为 80 GPa 时，Li 和 Cs 可以发生化学反应形成金属间化合物 Li_7Cs，而当压强达到 160 GPa 时，则可形成简单的 LiCs。他们所做的 Li 和 Cs 的金属间化合物的电子结构分析表明，高压会导致电子从 Cs 原子转移到 Li 原子中；随后所做的原位同步加速器粉末 X 射线衍射实验结果表明，在低压（>0.1 GPa）下成功合成了 LiCs 晶体[1]；电荷密度分析也表明，电子会从 Cs 原子转移到 Li 原子中导致 Li 显 -1 价态，有趣的是高压下 Cs 原子也会从 Li 原子中得到电子变成超过 -1 价态的阴离子。BOTANA 等人[3]对 $Li_nCs(n=2\sim5)$ 的高压结构（>100 GPa）进行了研究，得到了稳定的 Li_3Cs 和 Li_5Cs。以上这些可以通过 DONG 等人[4]计算的 Li 和 Cs 的电负性随压强的变化来解释：在 0 GPa 时，Li 原子的电负性为 3.17，远远高于 Cs 原子的

1.76；而当压强逐渐升高时，这种情况发生了根本性的改变，如在 200 GPa 时，Li 的电负性变为 1.22，而 Cs 的却为 1.59。

尽管有很强的电荷转移，但是以上所有的碱金属间化合物表现出的都是金属性。高压下，单质碱金属 Li[5-7]和 Na[8]会发生形成电子化合物和从金属变成绝缘体等的奇异行为。但是目前尚不得知在其他碱金属间化合物中是否存在这些现象。在 Li 的碱金属间化合物中，Li 和 Na 有相似的离子半径[9]，它们之间的尺寸不匹配度最小；另外，它们相近的电负性[4]导致其形成焓为正值。考虑以上两个因素，与 Li-K[10]、Li-Rb[11]和 Li-Cs[12]相比，Li-Na 不相溶的程度被认为是最小的。实验上通过观察 Li-Na 混合物的相分离线确定它的共溶点温度是 (576 ± 2) K，组分是 $X_{Li} = 0.64$[13]。经典动力学（CMD）[14-16]和从头算分子动力学（AIMD）[17-18]成功地模拟了与实验数据[13]吻合的径向分布函数。此外，AIMD 计算[18]表明 $Na_{0.5}Li_{0.5}$ 合金在费米能级处的态密度在 1000 K 时随着压强的增大而减小，而且在 144 GPa 时会出现凹谷，这表明它有可能会产生像单质 Li 中一样的带隙[5]。然而直到现在尚没有理论或实验的证据发现单质 Li 和 Na 能形成固体化合物，因此我们通过基于粒子群优化算法的晶体结构预测程序 CALYPSO 方法[19-20]系统地研究了 Li_mNa_n（$m=1, n=1\sim5$ 和 $n=1, m=2\sim5$）的稳定固体相。

5.2 计 算 方 法

通过基于粒子群优化算法的晶体结构预测程序 CALYPSO 方法[19-20]对高压下的结构进行搜索。以上方法已经成功用于对很多高压物质的结构预测[7-8,21-22]。在我们的结构搜索中，每个模拟包含 1～4 个分子单元，每代搜索产生 30～50 个结构（第 1 代是随机产生的）。结构搜索模拟通常在产生 900～1500 个结构后停止。总能量计算和结构优化（采用广义梯度近似）[23]通过 VASP 程序[24]实现。Li 的 $1s^22s^1$ 和 Na 的 $2s^22p^63s^1$ 被当作价电子。截断能取 650～900eV 和足够的 K 点取样使计算的焓值有非常好的收敛性（< 1 meV/atom）。原子的电荷通过 Bader 的拓扑分析[25-27]采用高密度格点保证高精度。为了研究预测相的动力学稳定性，我们采用 PHONOPY 程序[28]中的小位移方法计算了它们的晶格动力学。

相对于单质 Li 和 Na，Li_mNa_n 的形成焓表达式如下：
$$\Delta H(Li_mNa_n) = [H(Li_mNa_n) - mH(Li) - nH(Na)]/(m+n)$$
式中，H 为给定压强下确定组分最稳定结构的焓值。对单质 Li，采用了 Cmca-24 (80～185 GPa)、Cmca-56(185～269 GPa)和 $P4_2mbc$(>269 GPa)结构[7]。对单质 Na，采用了 fcc(65～103 GPa)、oP8(103～260 GPa)和 hP4(>260 GPa)相[8]。

5.3 结果与讨论

5.3.1 高压下 Li_mNa_n ($m=1, n=1\sim5$ 和 $n=1, m=2\sim5$) 的晶体结构预测

众所周知，晶体的结构是深入理解固体物理性质的基础。为了研究碱金属锂和钠之间形成稳定化合物的可能性，我们先预测了 LiNa 在压强范围为 100 ~ 400 GPa 的最低焓值的结构。研究发现，在整个我们考虑的压强范围内，LiNa 中能量最低结构的对称性为正交的 oP8（对称群是 $Pnma$，每个晶胞包含 4 个分子式，见图 5-1）。有趣的是，该结构和单质 Na 的 oP8 结构中 Na 原子的位置有相同的对称性[8]。在 400 GPa 时，Na 原子占据 Wyckoff 的 $4c$ 位点（0.481，0.750，0.177），Li 原子位于 Wyckoff 的 $4c$ 位点（-0.156，0.250，0.081）。尽管 Na 和 LiNa 的结构有相似性，但是 Li 和 Na 之间不能形成替位合金。当我们交换或替换 Li 和 Na 原子时，发现形成焓会变得很大（在 400 GPa 时大于 24 meV/atom）。此外，在我们的结构搜索中，LiNa 中次低的焓值结构比最低焓值结构的大得多（例如 400 GPa 时，为 81 meV/atom），这表明 LiNa-oP8 结构有显著的稳定性。图 5-1（a）所示为 LiNa-oP8 形成焓随压强变化的关系，表明 LiNa 在大约 355 GPa 时变得热力学稳定。晶格动力学计算发现当压强减小到 70 GPa 时，LiNa-oP8 也可以保持动力学稳定（见图 5-2）。此外，我们也预测了 400 GPa 时其他比例的 Li-Na 化合物（Li_mNa_n ($m=1, n=2\sim5$ 和 $n=1, m=2\sim5$)），但是没有找到其他更稳定的化合物（见图 5-1(b)）。

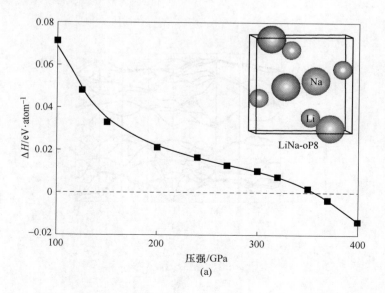

(a)

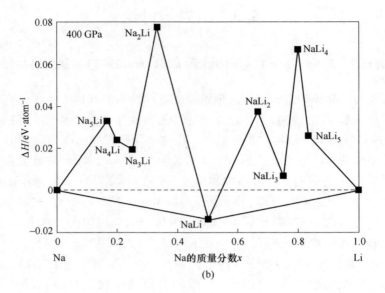

图 5-1 LiNa 形成焓随压强变化的关系及 Li_mNa_n 在 400 GPa 时的形成焓

(对单质 Li,采用 *Cmca*-24(80~185 GPa)、*Cmca*-56(185~269 GPa)和 $P4_2mbc$(>269 GPa)结构;对单质 Na,采用 fcc(65~103 GPa)、oP8(103~260 GPa)和 hP4(>260 GPa)结构)

(a) 采用 PBE 泛函计算的 LiNa 形成焓随压强变化的关系(插图是 LiNa-oP8 的晶体结构);
(b) 相对于单质 Li 和 Na,Li_mNa_n($m=1,n=2\sim5$ 和 $n=1,m=2\sim5$)在 400 GPa 时的形成焓

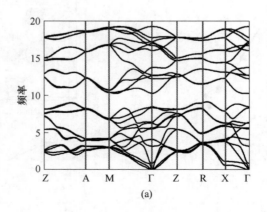

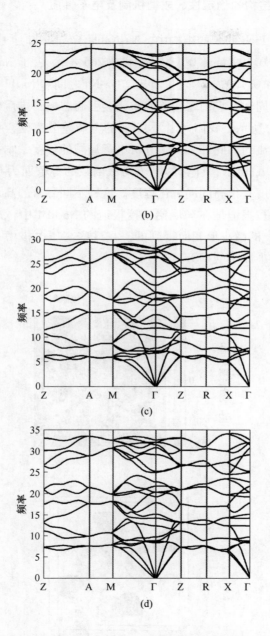

图 5-2 LiNa 在不同压强下的声子色散关系图
(a) 70 GPa; (b) 150 GPa; (c) 280 GPa; (d) 400 GPa

5.3.2 LiNa-oP8 结构的稳定性、成键机制及电子性质

在 200 GPa 时 LiNa-oP8 的结构中，Na-Na 原子、Na-Li 原子和 Li-Li 原子之间的相邻距离分别是 0.199 nm、0.180 nm 和 0.265 nm。由于 Na 和 Li 的原子半径分别是 0.116 nm 和 0.109 nm，可以看出，Na-Na 之间和 Na-Li 之间的原子核重叠是非常强的。众所周知，它们之间核的重叠会引起芯电子排斥价电子到晶格间隙中[8]。如图 5-3(a)所示，我们列出了 LiNa 的电荷差分密度，可以很清楚地看到晶格间隙中的电子流动。此外，为了分析电子局域的程度，本书也计算了电子局域函数。如图 5-3(b)所示，计算的电子局域函数的等值面为 0.95，这表明晶体中间隙电子电荷密度有很高的局域化程度。这种不同寻常的高压相可以被视为高压电极，它第一次被报道是在马琰铭教授报道的 Na-hP4 中，这个高压相被当作是经 Na-oP8 结构[8]的微小形变而得到的。在这些高压电极中，间隙电子被当作阴离子，称为间隙准原子（ISQs）[29-31]。

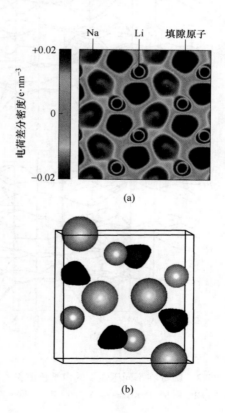

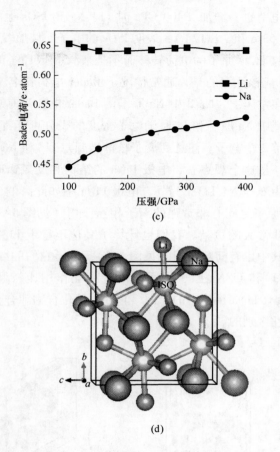

图 5-3 电荷差分密度和电子局域函数（白色球表示间隙准原子）

(a) 200 GPa 时 LiNa 在 {100} 面的电荷差分密度；(b) LiNa 在 200 GPa 时的电子局域函数（等值面=0.95，蓝色区域表示晶格间隙电子的高局域程度）；

(c) LiNa 中 Li 原子和 Na 原子的 Bader 电荷随压强变化的关系；

(d) 电极 LiNa 的晶体结构

为了进一步理解 LiNa-oP8 结构电极的本质，我们利用 Bader 有效电荷分析[26,32-33]了 ISQs 的电荷密度。我们的 Bader 电荷分析表明 ISQs 确实是带负电荷的，表现为阴离子。在 Li 原子和 Na 原子上的 Bader 电荷是正的，表明电子是从 Li 原子和 Na 原子中转移到 ISQs 的。通过对比电极 LiNa 中 Li 原子和 Na 原子的 Bader 电荷发现，Li 原子上的电荷比 Na 原子上的大一点，如在 100 GPa 时，Li、Na 和 ISQs 上的 Bader 电荷分别为 +0.65 e、+0.45 e 和 −1.10 e。这种情况是反常的，因为 Li 的原子核比 Na 的更小，导致它比 Na 有更大的电负性[4]。当压强增加时，ISQs 的电荷也会增加（400 GPa 时 Li、Na 和 ISQs 上的 Bader 电荷分别为 +0.64 e，+0.53 e 和 -1.17 e），表明 ISQs 的电子局域随着压缩会增加。ISQs 的电荷增加是来源于 Na 原子的电荷转移而不是来源于 Li 原子的电荷转移（见图 5-3(c)）。此外，应该注意的是，通常情况下 Bader 电荷比名义上的离子电荷要小一些。例如，在常压下，NaCl 中 Na 原子的 Bader 电荷只有 0.78 e。因此可以看到，在稳定区域中 Na 原子和 Li 原子电子密度的积分可能都大约是 1 个电子，因此 ISQ 可能携带 2 个电子。注意到离子核的数目（Li^+ 和 Na^+）正好是间隙电子最大值的两倍，从这个观点看，电极 LiNa 的结构和反氯铅矿的结构（$PbCl_2$）类似，可以表示为 e·(Na,Li)。另外，电极 LiNa 中如此高的 ISQ 的电荷密度表明 ISQs 和 Li/Na 原子之间有非常强的离子相互作用（见图 5-3(d)），它对 LiNa 的晶格稳定性有非常大的贡献。我们也计算了其他不稳定 Li_mNa_n 化合物的电荷差分密度，发现其中也有间隙电子（见图 5-4），但是它们的浓度比在 LiNa 中小得多，从而使 ISQs 和 Li/Na 原子之间的离子相互作用比较微弱。这可能是在 Li-Na 混合物中只有 LiNa 是稳定的原因，它和普通化合物和合金中原子共享和交换电子是有本质性区别的。

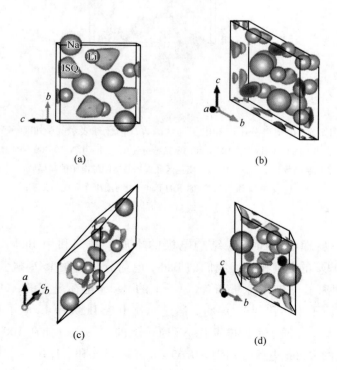

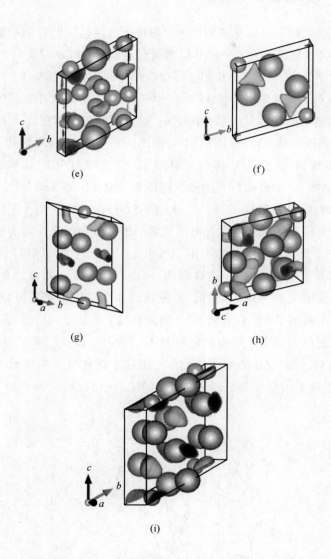

图 5-4　400 GPa 时 Li_mNa_n ($m=1, n=1\sim5$ 和 $n=1, m=2\sim5$) 的结构和电子局域函数 (等值面 = 0.85)

(a) LiNa; (b) Li_2Na; (c) Li_3Na; (d) Li_4Na; (e) Li_5Na; (f) $LiNa_2$; (g) $LiNa_3$; (h) $LiNa_4$; (i) $LiNa_5$

5.3.3 LiNa 中金属到绝缘的相变

在压强足够大时，金属化被假定为材料电子性质转变的普遍趋势。压强诱导的金属到绝缘体的转变在单质 Na 和 Li 及其他材料（如 Ca、Mg 和 Al）研究领域最近受到了广泛关注[7-8,34-37]。我们已经计算了不同压强下 LiNa 的电子能带结构，如图 5-5(a)~(c) 所示。很显然 LiNa 在 100 GPa 以上保持着绝缘的性质，表明 LiNa 中金属到绝缘的转变发生在 100 GPa。这个打开的带隙提高了 LiNa 的稳定性（见图 5-2），当压强从 70 GPa 增加到 400 GPa 时，在 X 点 LA 模式和 Γ 点 TA 模式的软化到消失证实了以上观点。单质 Li 中带隙打开的压强范围是 60 ~ 200 GPa[7]，单质 Na 中带隙打开的压强范围是 200 ~ 1.55 TPa[8,38]。LiNa 中带隙随压强的变化关系如图 5-5(d) 所示。从图 5-5(d) 可以观察到，压强会导致带隙急剧增大，因为随着压强的增大，电子局域的程度也会增强。需要注意的是标准的 DFT 会倾向于低估材料的带隙，由于自相互作用，这个问题可以用全电子 GW 近似[39-42]来解决。我们的 GW 计算表明，LiNa 中金属到非金属的转变压强为 70 GPa，当压强增大到 400 GPa 时，带隙达到 3.67 eV（见图 5-5(d)）。此外，我们在图 5-6 中列出了 400 GPa 时 LiNa 的总态密度和原子的分波态密度，尤其是在费米能级附近的占据态主要由杂化的 ISQ s、Na s、Li p、Na p 和 Na d 态组成，这和高压下的 Li、Na、Ca 的绝缘相类似。由这个杂化导致的成键态和反键态的劈裂是 LiNa 中带隙出现和电子局域性变强的主要原因。

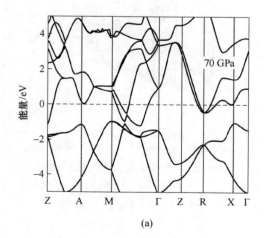

(a)

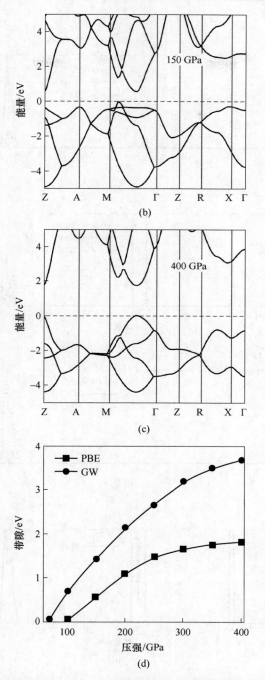

图 5-5 不同压强下 LiNa 的电子能带结构（虚线表示费米能级）及采用 PBE 泛函和 GW 近似计算的不同压强下的带隙

(a)~(c) 电子能带结构；(d) 不同压强下的带隙

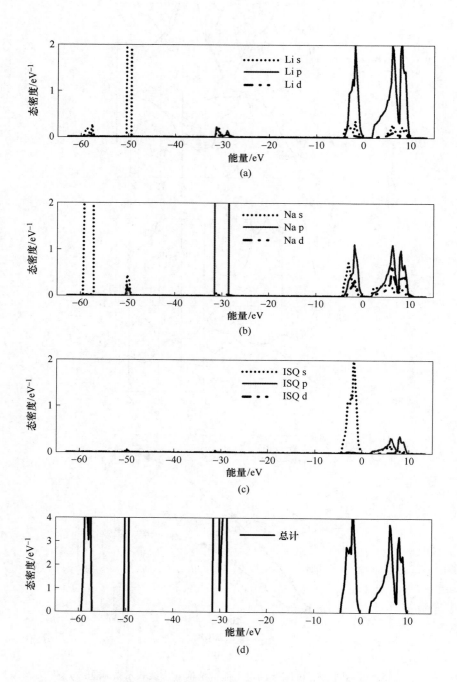

图 5-6 采用 PBE 方法计算的 LiNa 在 400 GPa 时的电子态密度

（a）Li 分波态密度；（b）Na 分波态密度；（c）ISQ 态密度；（d）总态密度

5.4 本章小结

我们采用 CALYPSO 结构预测方法系统地研究了 Li_mNa_n（$m=1, n=1\sim5$ 和 $n=1, m=2\sim5$）化合物的稳定性，结果表明在 355 GPa 时，只有 $m=1$，$n=1$ 的 LiNa 化合物是稳定的，其他比例均不稳定。通过计算电子性质发现，LiNa 不是金属合金，而是绝缘电子化合物。通过对电子性质的分析发现，LiNa 的形成方式不同于普通的化合物和合金（原子间共享或交换电子），它是由 Li 原子和 Na 原子中的电子转移到间隙位而形成的。

参 考 文 献

［1］ DESGRENIERS S, JOHN S T, MATSUOKA T, et al. Mixing unmixables: Unexpected formation of Li-Cs alloys at low pressure［J］. Science Advances, 2015, 1(9): e1500669.

［2］ ZHANG X, ZUNGER A. Altered reactivity and the emergence of ionic metal ordered structures in Li-Cs at high pressures［J］. Physical Review Letters, 2010, 104(24): 245501.

［3］ BOTANA J, MIAO M S. Pressure-stabilized lithium caesides with caesium anions beyond the-1 state［J］. Nature Communications, 2014, 5(1): 4861.

［4］ DONG X, OGANOV A R, QIAN G R, et al. How do chemical properties of the atoms change under pressure［J］. Physics, 2015, 86(2): 6335.

［5］ TAMBLYN I, RATY J Y, BONEV S A. Tetrahedral clustering in molten lithium under pressure ［J］. Phys. Rev. Lett., 2008, 101(7): 075703.

［6］ GUILLAUME C L, GREGORYANZ E, DEGTYAREVA O, et al. Cold melting and solid structures of dense lithium［J］. Nature Physics, 2011, 7(3): 211-214.

［7］ LV J, WANG Y, ZHU L, et al. Predicted novel high-pressure phases of lithium［J］. Phys. Rev. Lett., 2011, 106(1): 015503.

［8］ MA Y M, EREMETS M, OGANOV A R, et al. Transparent dense sodium［J］. Nature, 2009, 458: 182-185.

［9］ SHANNON R T, PREWITT C T. Effective ionic radii in oxides and fluorides［J］. Acta Crystallographica Section B: Structural Crystallography and Crystal Chemistry, 1969, 25(5): 925-946.

［10］ BALE C. The K-Li (potassium-lithium) system［J］. Journal of Phase Equilibria, 1989, 10(3): 262-264.

［11］ BALE C. The Li-Rb (lithium-rubidium) system［J］. Journal of Phase Equilibria, 1989, 10(3): 268-269.

［12］ BALE C. The Cs-Li (cesium-lithium) system［J］. Journal of Phase Equilibria, 1989, 10(3): 232-233.

［13］ BALE C. The Li-Na (lithium-sodium) system［J］. Journal of Phase Equilibria, 1989, 10

(3): 265-268.

[14] GONZÁLEZ L, GONZÁLEZ D, SILBERT M, et al. A theoretical study of the static structure and thermodynamics of liquid lithium [J]. Journal of Physics: Condensed Matter, 1993, 5(26): 4283.

[15] CANALES M, GONZÁLEZ D, GONZÁLEZ L, et al. Static structure and dynamics of the liquid Li-Na and Li-Mg alloys [J]. Physical Review E, 1998, 58(4): 4747.

[16] ANENTO N, CASAS J, CANALES M, et al. On the dynamical properties of the liquid Li-Na alloy [J]. Journal of Non-Crystalline Solids, 1999, 250: 348-353.

[17] GONZALEZ D J, GONZALEZ L E, LOPEZ J M, et al. Microscopic dynamics in the liquid Li-Na alloy: an ab initio molecular dynamics study [J]. Physical Review E, 2004, 69(3): 031205.

[18] TEWELDEBERHAN A M, BONEV S A. Structural and thermodynamic properties of liquid Na-Li and Ca-Li alloys at high pressure [J]. Physical Review B, 2011, 83(13): 134120.

[19] WANG Y, LV J, ZHU L, et al. Crystal structure prediction via particle-swarm optimization [J]. Phys. Rev. B, 2010, 82(9): 094116.

[20] WANG Y C, LYU J, ZHU L, et al. CALYPSO: A method for crystal structure prediction [J]. Comput. Phys. Commun., 2012, 183(10): 2063-2070.

[21] YAN X, CHEN Y, KUANG X, et al. Structure, Stability, and superconductivity of new Xe-H compounds under high pressure [J]. J. Chem. Phys., 2015, 143(12): 124310.

[22] YAN X, CHEN Y, XIANG S, et al. High-temperature-and high-pressure-induced formation of the laves-phase compound XeS_2 [J]. Physical Review B, 2016, 93(21): 214112.

[23] PERDEW J P, BURKE K, ERNZERHOF M. Generalized gradient approximation made simple [J]. Physical Review Letters, 1996, 77(18): 3865.

[24] KRESSE G, FURTHMÜLLER J. Efficient iterative schemes for ab initio total-energy calculations using a plane-wave basis set [J]. Physical Review B, 1996, 54(16): 11169.

[25] TANG W, SANVILLE E, HENKELMAN G. A grid-based Bader analysis algorithm without lattice bias [J]. Journal of Physics Condensed Matter, 2009, 21(8): 084204.

[26] HENKELMAN G, ARNALDSSON A, JÓNSSON H. A fast and robust algorithm for Bader decomposition of charge density [J]. Comp. Mater. Sci., 2006, 36(3): 354-360.

[27] BADER R F W. Atoms in molecules [J]. Accounts of Chemical Research, 1985, 18(1): 9-15.

[28] TOGO A, OBA F, TANAKA I. First-principles calculations of the ferroelastic transition between rutile-type and $CaCl_2$-type SiO_2 at high pressures [J]. Phys. Rev. B, 2008, 78(13): 134106.

[29] CONNERADE J P. Quasi-atoms and super-atoms [J]. Physica Scripta, 2003, 68(2): C25-C32.

[30] MAKSIMOV E G, MAGNITSKAYA M V, FORTOV V E. Non-simple behavior of simple metals at high pressure [J]. Physics-Uspekhi, 2005, 48(8): 761.

[31] CONNERADE J. In from pauli's birthday to'confinement resonances'-a potted history of quantum

confinement, Journal of Physics: Conference Series [C]. IOP Publishing: 2013.

[32] BADER R F. Atoms in molecules [J]. Accounts. Chem. Res., 1985, 18(1): 9-15.

[33] TANG W, SANVILLE E, HENKELMAN G. A grid-based Bader analysis algorithm without lattice bias [J]. J. Phys.: Condens. Matter, 2009, 21(8): 084204.

[34] NAUMOV I I, HEMLEY R J. Origin of transitions between metallic and insulating states in simple metals [J]. Physical Review Letters, 2015, 114(15): 156403.

[35] PICKARD C J, NEEDS R J. Aluminium at terapascal pressures [J]. Nature Materials, 2010, 9(8): 624-627.

[36] OGANOV A R, MA Y, XU Y, et al. Exotic behavior and crystal structures of calcium under pressure [J]. Proceedings of the National Academy of Sciences, 2010, 107(17): 7646-7651.

[37] LI P, GAO G, WANG Y, et al. Crystal structures and exotic behavior of magnesium under pressure [J]. The Journal of Physical Chemistry C, 2010, 114(49): 21745-21749.

[38] LI Y, WANG Y, PICKARD C J, et al. Metallic icosahedron phase of sodium at terapascal pressures [J]. Phys. Rev. Lett., 2015, 114(12): 125501.

[39] FUCHS F, FURTHMÜLLER J, BECHSTEDT F, et al. Quasiparticle band structure based on a generalized kohn-sham scheme [J]. Phys. Rev. B, 2007, 76(11): 115109.

[40] SHISHKIN M, KRESSE G. Implementation and performance of the frequency-dependent GW method within the PAW framework [J]. Phys. Rev. B, 2006, 74(3): 035101.

[41] SHISHKIN M, KRESSE G. Self-consistent GW calculations for semiconductors and insulators [J]. Phys. Rev. B, 2007, 75(23): 235102.

[42] SHISHKIN M, MARSMAN M, KRESSE G. Accurate quasiparticle spectra from self-consistent GW calculations with vertex corrections [J]. Phys. Rev. Lett., 2007, 99(24): 246403.

6 碱金属钠和钾在高压下的稳定化合物

6.1 概述

具有单价电子构型的碱金属被认为是金属电子结构的教科书例子。在大气压环境条件下，准自由价电子导致了简单的原子键合和高度对称的 bcc 结构。在适当的压缩条件下，它们保持了类自由电子的特性，并转变为更加密集的 fcc 结构。在进一步的压缩条件下，所有碱都经历了由 fcc 向复杂结构[1-11]的相变，并伴随着对称度、配位数和堆积密度的降低。

从能带理论来看，压强诱导的 s→p 和 s→d 电荷转移或杂化是理解复杂相的出现和性质的关键[2-3,12-13]。

对于碱金属元素 Li 和 Na，压强增大会导致 s→p 电荷转移[2,5,14-16]，而对于 K、Rb 和 Cs 发生的是 s→d 电荷转移[15,17]。由于 p 和 d 轨道的形状更复杂，由 p-和 d-主导的结合必然更加复杂，因此结构也更加复杂，同时伴随着显著的物理现象，如超导温度的升高[18-20]、融化温度的降低[4,21-22]和电子化合物的转换[2,21,23-26]。

对于碱金属的二元组合，它们之间潜在的电荷转移和电子再分配以及所产生的性质也受到了广泛的关注。Li-Cs 合金就是一个例子，因为它们的原子尺寸相差很大，所以在环境条件下无法合成。ZHANG 等人[27]根据密度泛函理论（DFT）进行了计算，结果表明压缩可以从根本上改变 Li 和 Cs 的相互排斥性，促使它们在 160 GPa 和 80 GPa 时分别形成金属化合物 LiCs 和 Li_7Cs；此外他们进行的原子价电荷密度分析结果表明，电子从 Cs 上转移到了 Li 上，因而导致 Li 呈氧化态。BOTANA 等人[28]通过结构搜索模拟和 DFT 计算预测，发现 Cs 可以从 Li 中获得电子，形成超过 100 GPa 的稳定化合物 Li_nCs（$n = 1 \sim 5$）。然而，DESGRENIERS 等人[29]在随后进行的 DAC 实验中发现，Li-Cs 合金可以在很低的压强（>0.1 GPa）下合成。

除 Li-Cs 外，SIMON 等人[30]也报道了 Na-Cs(Na_2Cs)和 K-Cs(K_2Cs、K_7Cs_6)体系中化合物的形成。ZHANG 等人[27]计算发现，$MgZn_2$ 型 Laves 相中的 Na_2Cs 和 K_2Cs 化合物在 DFT 内具有负的生成焓。CHEN 等人[31]经理论预测发现，Li-Na 体系在 355 GPa 下会形成绝缘电子化合物 LiNa。另外，在 Na-K 体系中，共晶 NaK 在室温下是一种液态合金，在 260 K 时凝固，因此它可用作核反应堆中的冷却剂[32]；而在常压下将其冷却到 240 K 时，只有 Na_2K 固体在实验中被观察到[33]。理论计算[34]证实 Na_2K 在 $MgZn_2$ 型 Laves 相中由于负焓而具有稳定性，在高压下形成的 NaK_2 的有限实验数据也表明了这一点；然而，这种金属化合物的存在尚未得到证实[33]。

最近，YANG 等人[35]通过群体智能结构搜索模拟发现了 10~500 GPa 压强范围内 Na_2K 的几种新结构。值得注意的是，该化合物可能在加压下经历了分解—复合行为。FROST 等[36]在随后的 DAC 实验中在压强低于 5.9 GPa 时观察到了 Na_2K 的形成，但发现在此压强之上，至少在 48 GPa 时，Na-K 体系形成的是 NaK 而不是 Na_2K。这与理论预测不一致。

为了进一步了解 Na-K 体系的化学稳定性，本书对高压下不同化学计量的 Na_xK($x=1/4$、$1/3$、$1/2$、$2/3$、$3/4$、$4/3$、$3/2$，$1~4$)进行了广泛的结构搜索，结果表明：NaK 在压强作用下经历了复合—分解—复合过程；Na_2K 相对于 NaK 和 Na 是不稳定的，相反发现了另外两个基态稳定相 NaK_3 和 Na_3K_2。

6.2 计 算 方 法

我们的结构搜索模拟是基于从头算的总能量计算的全局最小化，在 CALYPSO 代码中实现的[37-41]，该方法对纯碱金属[24,42]、碱金属聚氢化物[43]及碱金属合金的高压结构[28,31,35]具有良好的预测效果。本书对 Na_xK($x=1/4$、$1/3$、$1/2$、$2/3$、$3/4$、$4/3$、$3/2$，$1~4$)在 100 GPa、300 GPa、500 GPa 下分别进行了结构预测，每个模拟单元使用 1~4 公式单位。每次搜索生成 30~50 个结构，通常在生成 900~1500 个结构后停止结构搜索模拟。使用 VASP 软件包[44]和广义梯度近似（GGA）中的 Perdew-Burke-Ernzerhof（PBE）泛函[45]进行从头算程序的松弛结构和电子结构计算。Na 的电子构型 $2s^22p^63s^1$ 和 K 的电子构型 $3s^23p^64s^1$ 被视为投影增强波赝势的价电子。在所有计算中，波函数向平面波展开的截止能量均设为 950 eV，Monkhorst-Pack 网格的最大间距为 0.2 nm^{-1}，可根据每个计算单元的大小分别调整其倒空间，通常使每个原子的总能量收敛到约 1 meV。点阵动力学计算采用小位移法在 Phonopy 包中实现[46]。相对于元素 Na 和 K 的形成焓（ΔH），NaK 的形成焓由以下公式计算：

$$\Delta H(\mathrm{Na}_m \mathrm{K}_n) = [H(\mathrm{Na}_m \mathrm{K}_n) - mH(\mathrm{Na}) - nH(\mathrm{K})]/(m+n)$$

式中，H 为特定组分在给定压强下最稳定结构的焓。

Na 采用 bcc、fcc、cI16、oP8 和 hP4 结构[2,4,10,47-48]，K 采用 bcc、fcc、oP8、tI4、oC16 和 hP4 结构[48-50]。

6.3 结果与讨论

6.3.1 $\mathrm{Na}_x\mathrm{K}$($x = 1/4、1/3、1/2、2/3、3/4、4/3、3/2、1 \sim 4$) 在不同压强下的结构

在图 6-1(a) 中总结了 $\mathrm{Na}_x\mathrm{K}$($x = 1/4、1/3、1/2、2/3、3/4、4/3、3/2、1 \sim 4$) 在 100 GPa、300 GPa 和 500 GPa 压强下的结构搜索结果，其中位于凸壳上的相在化学上是稳定的，不受任何类型分解的影响。显然，由于生成焓为正，这里所考虑的化合物在 100 GPa 时是不稳定的。在 300 GPa 时，NaK_3 和 $\mathrm{Na}_3\mathrm{K}_2$ 变得稳定，而其他化合物 NaK、NaK_2、NaK_4、$\mathrm{Na}_2\mathrm{K}_3$ 和 $\mathrm{Na}_3\mathrm{K}_4$，以及之前预测的 $\mathrm{Na}_2\mathrm{K}$[35]是亚稳态的，这是其负的生成焓导致它们处于凸包上方。当压强增加到 500 GPa 时，NaK_3 保持稳定，而 $\mathrm{Na}_3\mathrm{K}_2$ 因分解为 NaK 和 Na 而呈不稳定状态。

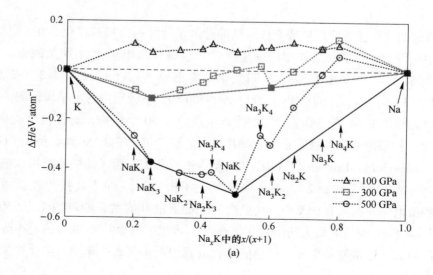

(a)

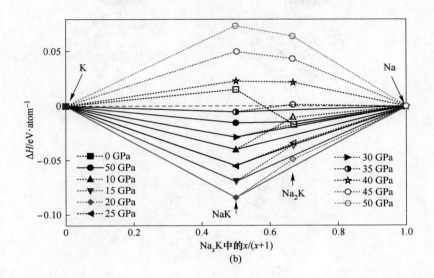

图 6-1 不同压强下 Na-K 体系相对于单质 Na 和 K 的化学稳定性
（稳定相用凸包上的实线连接的实心符号表示）
（a）各种 Na_xK 化合物在 100～500 GPa 下的化学稳定性；
（b）NaK 和 Na_2K 在 0～50 GPa 时的化学稳定性

对于 NaK 的最简单化学计量，研究表明，在 100 GPa 和 300 GPa 时对能量最有利的结构是采用 $Fd\bar{3}m$ 对称，在 500 GPa 时采用 $Ibmm$ 对称。如图 6-2(a) 所示，$Fd\bar{3}m$ 结构由 Na 和 K 两个互穿的菱形亚格组成，该结构中 Na 和 K 的配位数均为 4。图 6-2(b) 显示的 $Ibmm$ 结构中 Na 和 K 的配位数都增加到了 8。在选定压强下 $Fd\bar{3}m$ 和 $Ibmm$ 阶段的详细结构信息列于表 6-1 中。声子计算显示声子谱中没有虚频（见图 6-3），这意味着这些结构是动力学稳定的。

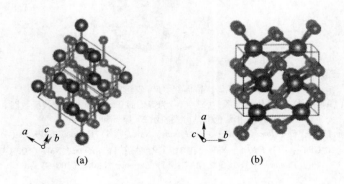

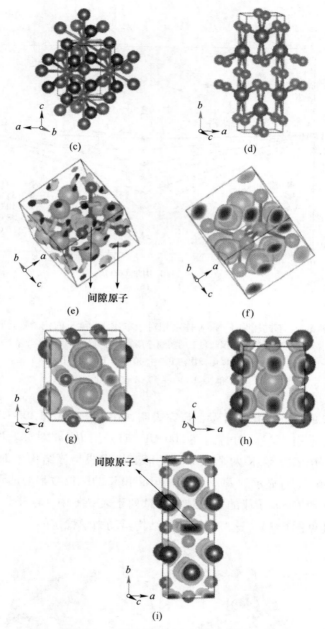

图 6-2 晶体结构与成键性质

((a)~(d) 为晶体结构图;(e)~(i) 为等值面 0.6 时的电子定位函数图。
绿色小球和紫色大球分别表示 Na 原子和 K 原子)

(a) $Fd\bar{3}m$, NaK; (b) $Ibmm$, NaK; (c) $Pnmm$, NaK$_3$; (d) $Cmmm$, Na$_3$K$_2$; (e) $Fd\bar{3}m$, NaK (10 GPa); (f) $Fd\bar{3}m$, NaK (在 310 GPa 时); (g) $Ibmm$, NaK (500 GPa); (h) $Pnmm$, NaK$_3$ (300 GPa); (i) $Cmmm$, Na$_3$K$_2$ (300 GPa)

6.3 结果与讨论

表 6-1 NaK、NaK$_3$ 和 Na$_3$K$_2$ 在不同压强下的晶胞的详细结构信息

相	压强/GPa	空间群	晶格参数	原子坐标
NaK	10	$Fd\bar{3}m$	$a=b=c=0.67242$ nm $\alpha=\beta=\gamma=90.000°$	Na(8a) 0.75 −0.25 0.25 K(8b) 0.25 −0.25 0.25
NaK	500	$Ibmm$	$a=0.50839$ nm $b=0.42379$ nm $c=0.44169$ nm $\alpha=\beta=\gamma=90.000°$	Na(8h) −0.50 0.03 −0.70 K(8i) −0.71 0.75 −0.98
NaK$_3$	300	$Pnmm$	$a=0.34771$ nm $b=0.44920$ nm $c=3.9227$ nm $\alpha=\beta=\gamma=90.000°$	Na(2b) 0.50 0.00 −0.32 K1(4e) 0.50 0.75 −0.83 K2(2a) 0.50 0.50 −0.35
Na$_3$K$_2$	300	$Cmmm$	$a=0.32827$ nm $b=1.02332$ nm $c=0.21409$ nm $\alpha=\beta=\gamma=90.000°$	Na1(4j) 0.00 0.89 0.50 Na3(2c) 0.50 0.00 0.50 K1(4i) 0.50 0.81 0.00

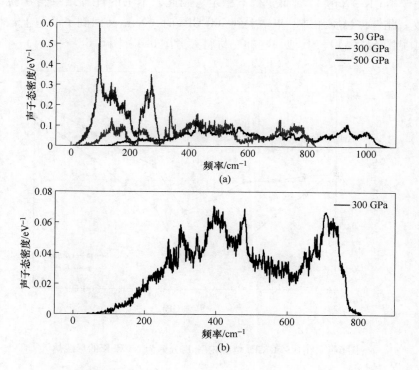

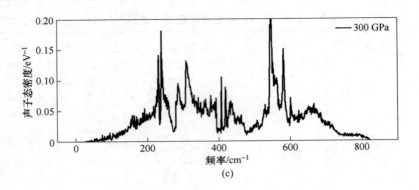

图 6-3　不同结构下 NaK、NaK$_3$ 和 Na$_3$K$_2$ 的声子谱

(a) $Fd\overline{3}m$ 结构，NaK(30 GPa 和 300 GPa)，以及 $Ibmm$ 结构，NaK(500 GPa)；
(b) $Pnmm$ 结构，NaK$_3$(300 GPa)；(c) $Cmmm$ 结构，Na$_3$K$_2$(300 GPa)

FROST 等人[36]在实验中观察到 Na-K 体系在 0~5.9 GPa 时形成 Na$_2$K，然而，压强超过 48 GPa 时，它形成的是 NaK 而不是 Na$_2$K。根据本书的计算：当压强接近 5 GPa 时，NaK 变得稳定（见图 6-1(b)）；而在 35 GPa 时，它分解成 Na 和 K，变得不稳定；Na$_2$K 则保持不变，一直稳定在 0~5 GPa，压强超过 5 GPa 后，由于 Na$_2$K→NaK + Na 而变得不稳定。因此，本书的计算结果与实验结果非常一致。此外，当压强进一步增大到 500 GPa 时，NaK 又回到了凸包上最稳定的阶段（见图 6-1(a)）。其他一些补充材料参考图 6-4~图 6-6。

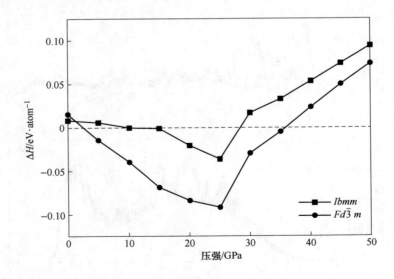

图 6-4　在 0~50 GPa 范围内 NaK 分解为 Na 和 K 的形成焓

6.3 结果与讨论

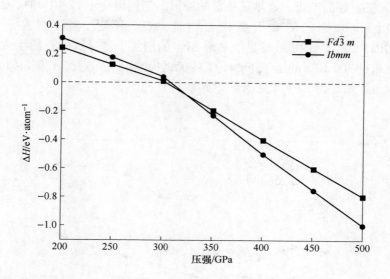

图 6-5 在 200~500 GPa 范围内 NaK 分解为 Na 和 K 的形成焓

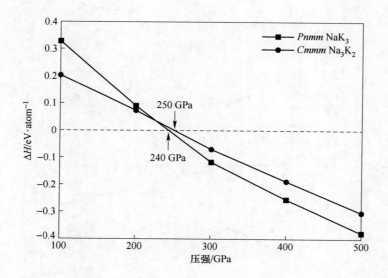

图 6-6 在 100~500 GPa 范围内 NaK_3 和 Na_3K_2 分解为 Na 和 K 的形成焓

众所周知，一个化合物的生成焓可分为两部分的贡献，即相对内能 ΔU 和 ΔPV 项，即 $\Delta H = \Delta U + \Delta PV$。NaK 的 ΔU 和 ΔPV 的压强依赖关系如图 6-7(a) 所示。在压强为 5 GPa 左右，ΔU 是正的，而 ΔPV 是负的。负的 ΔPV 表明 NaK 比

Na 和 K 元素更好的堆积，这是其稳定的原因。当压强高于 22 GPa 时，ΔPV 变成正的，负的生成焓的主要贡献来自内能 ΔU。但是，当压强高于 36 GPa（<300 GPa）时，负的 ΔU 不足以平衡 ΔPV 的增加，这导致了正的生成焓分解。此外，在超过 300 GPa 的压强下，由于最优结构堆积（相对于元素 Na 和 K），生成焓降为负，结果为 ΔPV（见图 6-7(b)）。

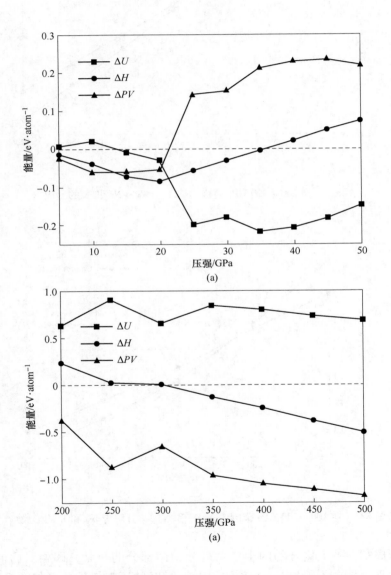

图 6-7　NaK 在不同压强时的焓 H、PV 项和内能 U 的相对变化
(a) 5~50 GPa；(b) 200~500 GPa

6.3.2　Na-K 化合物的成键性质

在单质碱金属中，压强诱导的 s→p 和 s→d 的电荷转移或杂化是理解其复杂相的出现和性质的关键[2-3,12]。为了进一步了解 NaK 形成的物理机制，我们分析了其化学成键的性质。

通过对 Bader 电荷的分析发现，NaK 中 Na 和 K 原子之间的电荷转移方向在 50 GPa 以下和以上是相反的（见图6-8）。在 Na_2K 中也发现了压强诱导的电荷反转[35]。这种行为可以用压强引起的 Na 和 K 元素电负性的变化来解释。DONG 等人[51]计算的电负性数据表明：在低压（<50 GPa）下，Na 元素的原子尺寸较小，电负性比 K 元素大，电荷从 K 向 Na 转移；在高压（>50 GPa）下，K 由于压强诱导的 s→d 转变而成为 d 区元素，而 Na 则没有，这使得 K 的电负性比 Na 强，导致电荷反向转移。需要注意的是 RAHM 等人[52]也对所有元素在压强下的电负性进行了系统的研究，发现 Na 是碱金属中电负性最强的元素。这与 DONG 等人的研究结果不一致。正如作者所描述的，这种差异可能来自不同的电负性定义、模型构建或理论水平。目前的 Na-K 体系与之前报道的 DONG 等人的模型相对应[35]。

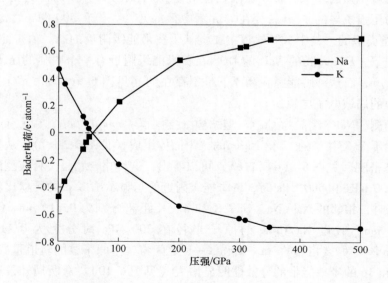

图 6-8　NaK 中 Na 原子和 K 原子的 Bader 电荷分布
（正值和负值分别代表失去和得到电子）

此外，本书还计算了表征原子成键的电子局域函数（ELF）。如图 6-2（e）所示，在 10 GPa 时，Na 和 K 原子周围的 ELF 凹下区域对应于核电子。在 Na 和 K 原子之间，ELF 值小于 0.5，这是典型的离子键和金属键。还观察到了 ELF 的最大值（>0.5），它通常代表 Na 原子周围的四面体间隙位的间隙电子定位。随着压强的增大，ELF 最大值逐渐消失，表明间隙电子的局域化会受到压强的抑制（见图 6-2（f）和（g））。这与单质碱金属形成了鲜明的对比。在单质碱金属中，由于原子核与价电子轨道重叠[53-56]，压缩会增大间隙电子的局域化。FROST 等人[36]也发现了这一现象，他们解释减少的局部化与压强是由于压强引起的间隙尺寸的减小，由此推断如果该系统保持稳定，该现象可能会在更高的压强下再次出现。然而，本书计算表明，尽管 NaK 在高压下是稳定的，但无论是在 300 GPa 的 $Fd\bar{3}m$ 相（见图 6-2（f））中还是在 500 GPa 的 $Ibmm$ 相（见图 6-2（g））中都没有发现这种间隙电子。

6.3.3　Na-K 化合物的态密度和稳定性分析

图 6-9（a）~（c）显示了选定压强下 NaK 的计算电子态密度（DOS），显然所有的 DOS 结果都揭示了 NaK 的金属性质。对于 3 GPa 的 $Fd\bar{3}m$ 相的 NaK，费米能级附近的态密度主要由 Na 和 K 的 s 轨道和 p 轨道贡献，它们也有显著的 K d 贡献。随着压强的增大，K d 贡献占主导地位（见图 6-9（b））。这是符合预期的，因为压强诱导的 s→d 转变在 K 元素中很常见[17,52]。在 500 GPa 时，$Ibmm$ 相的 DOS 是类似的，其中 K d 轨道主要贡献于费米能级附近的态。值得注意的是，在低压强下，$Fd\bar{3}m$ 相的 NaK 的 DOS 在费米能级附近有一个明显的赝能隙（见图 6-9（a）），而这种赝能隙在高压下是不存在的（见图 6-9（b）和（c）），它可能是间隙中的局域电子导致的。

据预测，NaK_3 结晶为 Cu_3Ge 型结构（空间群 $Pnmm$），每个单元有两个公式单位，由 1 个 K 共享的 12 倍 NaK_{12} 的二十面体组成（见图 6-2（c））。从费米能级处的高态密度（见图 6-8（d）和（e））可以看出，这种化合物是一种典型的金属合金。在 300 GPa 和 500 GPa 时，费米能级附近的态显示出 K d 的贡献比较大。在 300 GPa 时，相邻的 Na—Na、Na—K 和 K—K 距离分别为 0.319 nm、0.215 nm 和 0.218 nm。假设 Na 和 K 的原子半径在 300 GPa 时分别为 0.118 nm 和 0.123 nm[57]，那么相邻的 Na—K 和 K—K 之间将发生原子核的轨道重叠。因此，K 的 3s 和 3p 的半核能带的分散性明显增大（见图 6-10）。众所周知，这种原子核间的轨道重叠现象在高压材料中很常见，它对材料的稳定性起着很重要的作用[2,21,56,58-59]。ELF 结果（见图 6-2（h））表明该体系中的相互作用主要为离子的和金属的相互作用。

6.3 结果与讨论

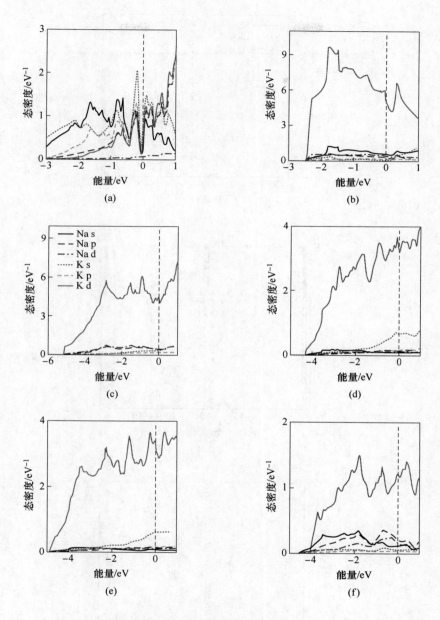

图 6-9 不同压强 NaK、NaK$_3$ 和 Na$_3$K$_2$ 的总态密度和投影态密度
(a) $Fd\bar{3}m$，NaK(3 GPa)；(b) $Fd\bar{3}m$，NaK(300 GPa)；(c) $Ibmm$，NaK(500 GPa)；
(d) $Pnmm$，NaK$_3$(300 GPa)；(e) $Pnmm$，NaK$_3$(500 GPa)；(f) $Cmmm$，Na$_3$K$_2$(300 GPa)

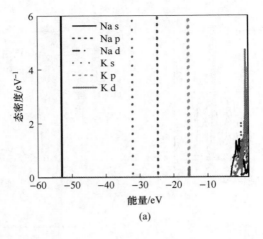

(a)

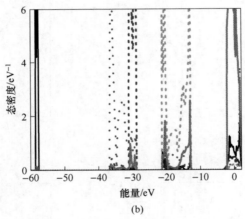

(b)

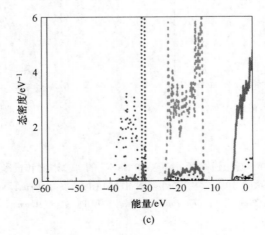

(c)

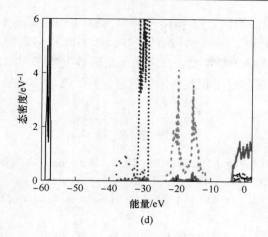

图 6-10　Na 2s、Na 2p、K 3s 和 K 3p 的半核带和价带的投影态密度
（费米能级处的能量为 0）
(a) $Fd\bar{3}m$, NaK (3 GPa); (b) $Fd\bar{3}m$, NaK (300 GPa);
(c) $Pnmm$, NaK (300 GPa); (d) $Cmmm$, Na_3K_2 (300 GPa)

对于 Na_3K_2，它在 300 GPa 时稳定在 $Cmmm$ 结构中（见图 6-2(d)），在 500 GPa 时分解为 NaK 和 K。在 Na_3K_2 的 $Cmmm$ 结构中，Na 和 K 都是 8 配位的。每个 K 配位 8 个 Na 原子，每个 Na 配位 4 个 K 原子和 4 个 Na 原子。Na_3K_2 也是金属，费米级处的高态密度值主要是由 K-d 态贡献的（见图 6-2(f)）。通过比较 Na—Na、Na—K 和 K—K 的原子距离与 Na、K 原子半径在 300 GPa 时的和（最邻近的 Na—Na、Na—K 和 K—K 距离分别为 0.196 nm、0.213 nm 和 0.209 nm），可以发现该体系也存在原子核的重叠现象。与 NaK_3 相比，Na_3K_2 的 ELF 图显示出很强的间隙电子定位（见图 6-2(i)）。Bader 电荷的分析也证实了这一结论，在 300 GPa 时，Na 和 K 原子的电荷和间隙位的 Bader 电荷分别约为 0.6、-0.5 和 -0.9，这说明间隙位离域的电子主要是从 Na 原子中转移来的。这些结果表明，Na_3K_2 是一种以 $Na_3K_2(e)$ 表示的电子化合物。

6.4　本章小结

综上所述，本章采用群体智能结构搜索方法研究了 Na-K 体系在高压下的稳定性。研究发现，本书中介绍了 3 种 Na 和 K 的化合物，NaK_3 和 Na_3K_2 在不同压强下形成了基态化合物。$Fd\bar{3}m$ 结构中的 NaK 稳定在 5～35 GPa，在此压强下分解为 Na 和 K，变得不稳定；当压强进一步增加到 500 GPa 时，NaK 重新稳定在

Ibmm 相。钾含量最多的化合物 NaK$_3$ 在 300~500 GPa 时稳定在 Cu$_3$Ge 型结构中。Na$_3$K$_2$ 在 300 GPa 时以 *Cmmm* 结构结晶,在 500 GPa 时分解为 NaK 和 K。在这些化合物中,压强诱导 Na 和 K 原子之间的电荷转移发生了明显的逆转。我们的研究结果将加深对金属间电子相互作用的理解,并促进以后实验研究的不断创新及理论的发展。

参 考 文 献

[1] HANFLAND M, SYASSEN K, CHRISTENSEN N, et al. New high-pressure phases of lithium [J]. Nature, 2000, 408: 174-178.

[2] MA Y, EREMETS M, OGANOV A R, et al. Transparent dense sodium [J]. Nature, 2009, 458: 182-185.

[3] MA Y, OGANOV A R, XIE Y. High-pressure structures of lithium, potassium, and rubidium predicted by an ab initio evolutionary algorithm [J]. Phys. Rev. B, 2008, 78: 014102.

[4] GREGORYANZ E, LUNDEGAARD L F, MCMAHON M I, et al. Structural diversity of sodium [J]. Science, 2008, 320: 1054-1057.

[5] ROUSSEAU B, XIE Y, MA Y, et al. Exotic high pressure behavior of light alkali metals, lithium and sodium [J]. The European Physical Journal B, 2011, 81(1): 1-14.

[6] MCMAHON M, NELMES R, SCHWARZ U, et al. Composite incommensurate K-Ⅲ and a commensurate form: Study of a high-pressure phase of potassium [J]. Phys. Rev. B, 2006, 74: 140102.

[7] MCMAHON M, REKHI S, NELMES R. Pressure dependent incommensuration in Rb-Ⅳ [J]. Phys. Rev. Lett., 2001, 87: 055501.

[8] NELMES R, MCMAHON M, LOVEDAY J, et al. Structure of Rb-Ⅲ: Novel modulated stacking structures in alkali metals [J]. Phys. Rev. Lett., 2002, 88: 155503.

[9] MCMAHON M I, NELMES R J. High-pressure structures and phase transformations in elemental metals [J]. Chem. Soc. Rev., 2006, 35: 943-963.

[10] HANFLAND M, LOA I, SYASSEN K. Sodium under pressure: bcc to fcc structural transition and pressure-volume relation to 100 GPa [J]. Phys. Rev. B, 2002, 65: 184109.

[11] OLIJNYK H, HOLZAPFEL W. Phase transitions in K and Rb under pressure [J]. Phys. Lett. A, 1983, 99: 381-383.

[12] FABBRIS G, LIM J, VEIGA L, et al. Electronic and structural ground state of heavy alkali metals at high pressure [J]. Phys. Rev. B, 2015, 91: 085111.

[13] DEGTYAREVA V F. Simple metals at high pressures: The D femi sphere-brillouin zone interaction model [J]. Physics-Uspekhi, 2006, 49: 369.

[14] BOETTGER J, TRICKEY, S. Equation of state and properties of lithium [J]. Phys. Rev. B, 1985, 32: 3391.

[15] SKRIVER H L. Crystal structure from one-electron theory [J]. Phys. Rev. B, 1985, 31: 1909.

[16] BOETTGER J. AIBERS R. Structural phase stability in lithium to ultrahigh pressures [J]. Phys. Rev. B, 1989, 39: 3010.

[17] MCMAHAN A. Alkali-metal structures above the S-D transition [J]. Phys. Rev. B, 1984, 29: 5982.

[18] SHIMIZU K, ISHIKAWA H, TAKAO D, et al. Superconductivity in compressed lithium at 20 K [J]. Nature, 2002, 419: 597-599.

[19] STRUZHKIN V V, EREMETS M I, GAN W, et al. Superconductivity in dense lithium [J]. Science, 2002, 298: 1213-1215.

[20] SCHAEFFER A M, TEMPLE S R, BISHOP J K, et al. High-pressure superconducting phase diagram of 6Li: Isotope effects in dense lithium [J]. Proc. Natl. Acad. Sci., 2015, 112: 60-64.

[21] GUILLAUME C L, GREGORYANZ E, DEGTYAREVA O, et al. Cold melting and solid structures of dense lithium [J]. Nature Phys., 2011(7): 211-214.

[22] FENG Y, CHEN J, ALFÈ D, et al. Nuclear quantum effects on the high pressure melting of dense lithium [J]. J. Chem. Phys., 2015, 142: 064506.

[23] MARQUÉS M, MCMAHON M, GREGORYANZ E, et al. Crystal structures of dense lithium: A metal-semiconductor-metal transition [J]. Phys. Rev. Lett., 2011, 106: 095502.

[24] LV J, WANG Y, ZHU L, et al. Predicted novel high-pressure phases of lithium [J]. Phys. Rev. Lett., 2011, 106: 015503.

[25] MATSUOKA T, SHIMIZU K. Direct observation of a pressure-induced metal-to-semiconductor transition in lithium [J]. Nature, 2009, 458: 186-189.

[26] MATSUOKA T, SAKATA M, NAKAMOTO Y, et al. Pressure-induced reentrant metallic phase in lithium [J]. Phys. Rev. B, 2014, 89: 144103.

[27] ZHANG X, ZUNGER A. Altered reactivity and the emergence of ionic metal ordered structures in Li-Cs at high pressures [J]. Phys. Rev. Lett., 2010, 104: 245501.

[28] BOTANA J, MIAO M S. Pressure-stabilized lithium caesides with caesium anions beyond the 1 state [J]. Nat. Commun., 2014(5): 4861.

[29] DESGRENIERS S, TSE J S, MATSUOKA T, et al. Mixing unmixables: Unexpected formation of Li-Cs alloys at low pressure [J]. Science Advances 2015, 1(9): e1500669.

[30] SIMON A, EBBINGHAUS G. Zur existenz neuer verbindungen zwischen alkalimetallen/on the existence of new compounds between alkali metals [J]. Z. Naturforsch. B, 1974, 29: 616-618.

[31] CHEN Y M, GENG H Y, YAN X Z, et al. Predicted novel insulating electride compound between alkali metals lithium and sodium under high pressure [J]. Chin. Phys. B, 2017, 26: 056102.

[32] NATESAN K, REED C B, MATTAS R F. Assessment of alkali metal coolants for the ITER blanket [J]. Fusion Engineering and Design, 1995, 27(1): 457-466.

[33] BALE C W. The K-Na (potassium-sodium) system [J]. Alloy Phase Diagrams, 1982(3): 313-318.

[34] ZHU M J, BYLANDER D, KLEINMAN L. Multiatom covalent bonding and the formation enthalpy of Na_2K [J]. Phys. Rev. B, 1996, 53: 14058.

[35] YANG L, QU X, ZHONG X, et al. Decomposition and recombination of binary interalkali Na_2K at high pressures [J]. J. Phys. Chem. Lett., 2019(10): 3006-3012.

[36] FROST M, MCBRIDE E E, SCHÖRNER M, et al. Sodium-potassium system at high pressure [J]. Phys. Rev. B, 2020, 101: 224108.

[37] WANG Y, LV J, ZHU L, et al. CALYPSO: a method for crystal structure prediction [J]. Comput. Phys. Commun., 2012, 183: 2063-2070.

[38] WANG Y, LV J, ZHU L, et al. Crystal structure prediction via particle-swarm optimization [J]. Phys. Rev. B, 2010, 82: 094116.

[39] GAO B, GAO P, LU S, et al. Interface structure prediction via CALYPSO method [J]. Sci. Bull, 2019, 64: 301-309.

[40] WANG Y, LV J, ZHU L, et al. Materials discovery via CALYPSO methodology [J]. J. Phys. Condens. Matter, 2015, 27: 203203.

[41] WANG H, WANG Y, LV J, et al. CALYPSO structure prediction method and its wide application [J]. Comp. Mater. Sci., 2016, 112: 406-415.

[42] LI Y, WANG Y, PICKARD C J, et al. Metallic icosahedron phase of sodium at terapascal pressures [J]. Phys. Rev. Lett., 2015, 114: 125501.

[43] CHEN Y, GENG H Y, YAN X, et al. Prediction of stable ground-state lithium polyhydrides under high pressures [J]. Inorg. Chem., 2017, 56: 3867-3874.

[44] KRESSE G, FURTHMÜLLER J, Software VASP [J] Phys. Rev. B, 1996, 54: 11169.

[45] PERDEW J P, BURKE K, ERNZERHOF M. Generalized gradient approximation made simple [J]. Phys. Rev. Lett., 1996, 77: 3865.

[46] TOGO A, OBA F, TANAKA I. First-principles calculations of the ferroelastic transition between rutile-type and $CaCl_2$-type SiO_2 at high pressures [J]. Phys. Rev. B, 2008, 78: 134106.

[47] ACKLAND G J, MACLEOD I R. Origin of the complex crystal structures of elements at intermediate pressure [J]. New J. Phys., 2004(6): 138-138.

[48] MA Y, OGANOV A R, XIE Y. High-pressure structures of lithium, potassium, and rubidium predicted by an ab initio evolutionary algorithm [J]. Phys. Rev. B, 2008, 78(1): 14102.

[49] MCMAHON M I, NELMES R J, SCHWARZ U, et al. Composite incommensurate K-III and a commensurate form: Study of a high-pressure phase of potassium [J]. Phys. Rev. B, 2006, 74: 140102.

[50] LUNDEGAARD L F, MARQUÉS M, STINTON G, et al. Observation of the oP8 crystal structure in potassium at high pressure [J]. Phys. Rev. B, 2009, 80: 020101.

[51] DONG X, OGANOV A R, QIAN G, et al. How do chemical properties of the atoms change under pressure [J]. Physics, 2015, 86(2): 6335.

[52] RAHM M, CAMMI R, ASHCROFT N W, et al. Squeezing A II elements in the periodic table: Electron configuration and electronegativity of the atoms under compression [J].

J. Am. Chem. Soc., 2019, 141: 10253-10271.

[53] MIAO M S, HOFFMANN R, BOTANA J, et al. Quasimolecules in compressed lithium [J]. Ange. Chem., 2017, 129: 992-995.

[54] NAUMOV I I, HEMLEY R J, HOFFMANN R, et al. Chemical bonding in hydrogen and lithium under pressure [J]. J. Chem. Phys., 2015, 143: 064702.

[55] MIAO M S, HOFFMANN R. High-pressure electrides: the chemical nature of interstitial quasiatoms [J]. J. Am. Chem. Soc., 2015, 137: 3631-3637.

[56] MIAO M S, HOFFMANN R. High pressure electrides: A predictive chemical and physical theory [J]. Acc. Chem. Res., 2014, 47: 1311-1317.

[57] RAHM M, ÅNGQVIST M, RAHM J M, et al. Non-bonded radii of the atoms under compression [J]. Chem. Phys. Chem., 2020, 21(21): 2441-2453.

[58] PICKARD C J, NEEDS R J. Aluminium at terapascal pressures [J]. Nat. Mater., 2010(9): 624-627.

[59] GROCHALA W, HOFFMANN R, FENG J, et al. The chemical imagination at work in very tight places [J]. Angew. Chem. Int. Edit., 2007, 46: 3620-3642.

7 本书总结

本书主要采用CALYPSO晶体结构预测方法，结合第一性原理计算方法和双德拜方法，系统地研究了锂-氢和锂-钠的高压结构和相变行为，得到了以下结论：

（1）结合第一性原理和双德拜模型，精确地模拟了氢化锂的状态方程和B1-B2固体相边界的同位素效应。电子结构计算结果表明，在低压时费米能级附近的电子结构是由H^-子晶格决定的，而在高压时是由Li^+子晶格决定的。基于以前报道的熔化线相和我们计算的主冲击雨贡纽线及有限温度下B1-B2固体相边界，完善了LiH的相图，确定了冲击熔化发生在56 GPa和1923 K处，B1-B2-液体三相点的位置在241 GPa和2413 K。当从50 GPa开始预压缩时，冲击雨贡纽线会沿着B1-B2固体相边界进入到B2固相区域，而且将变得不连续和有较大的体积坍缩，该坍缩是零温下B1-B2相变体积变化的4倍。

（2）采用CALYPSO方法和vdW-DF泛函搜索了高压下LiH_n（$n=2\sim11,13$）稳定的结构。与以前PBE预测的LiH_n（$n=2\sim8$）的结果（LiH_2、LiH_6和LiH_8是稳定的）相比，范德瓦耳斯作用从根本上改变了富氢化锂的相对稳定性，它表明在130～170 GPa时，LiH_2和LiH_9是稳定的，而在180～200 GPa时除稳定的LiH_2外，LiH_8和LiH_{10}也会变得稳定。精确的电子结构计算发现LiH、LiH_2、LiH_7和LiH_9也会保持绝缘性到至少200 GPa，其他比例则显金属性。虽然以上的绝缘特征和PBE预测的LiH_n的金属性行为形成了鲜明的对比，但是它们和最近报道的实验结果符合得很好。此外，这些绝缘相的振动频率和实验的红外数据也定性地一致。

（3）采用CALYPSO方法搜索了高压下Li_mNa_n（$m=1,n=1\sim5$和$n=1,m=2\sim5$）稳定的化合物。在355 GPa时，只有$m=1$和$n=1$的Li和Na化合物是稳定的，其他配比均不稳定。该化合物具有和单质Na类似的正交oP8结构。通过对电子性质的分析发现，LiNa的形成方式不同于普通的化合物和合金（原子间共享或交换电子），而是由Li原子和Na原子中的电子转移到间隙位导致的。

（4）为了进一步了解 Na-K 体系的化学稳定性，采用 CALYPSO 方法，搜索了高压下不同化学计量的 Na_xK($x = 1/4, 1/3, 1/2, 2/3, 3/4, 4/3, 3/2$ 和 $1 \sim 4$)。结果表明，NaK 在压强作用下经历了复合—分解—复合过程。Na_2K 相对于 NaK 和 Na 是不稳定的，相反发现了两个基态稳定相 NaK_3 和 Na_3K_2。